卡哇伊 3D 立體造型饅頭

美姬老師私傳秘技，
饅頭造型全面升級！

造型饅頭女王 王美姬 —— 著

contents
目錄

Part 1　技巧教學_____9

什麼是立體造型饅頭？什麼是美姬老師的完美饅頭配方？
怎麼樣調出彩色麵糰？讓這一篇來告訴你！

Part 2
饅頭——25

和美姬老師一起大玩特玩3D造型，
美麗的公主、可愛的招財貓、夢幻的獨角獸……，
你決定好先做哪一款了嗎？

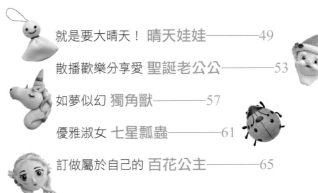
Part 3
包子——71

包了餡的饅頭，口感層次更豐富了！
不甜膩的內餡、立體的3D造型，
邊吃邊玩，一個接著一個吃不膩！

Part 4
刈包——105

乳牛有寬寬大大的嘴巴，
河馬有豐厚的嘴唇，
鱷魚有凸凸的眉骨，
可愛造型刈包，讓人愛不釋手。

飄洋過海的真滋味
立體造型饅頭在台灣落地生根

做第二本立體造型饅頭食譜的時候，不斷地問自己，可以帶給大家什麼新的啟發？

立體造型饅頭這麼新的食物品項，能在短時間內受到全台媒體的注意、風靡海內外烘焙手作圈，美姬老師歸結出其迷人之處：溫暖、健康、療癒、好吃又好玩！

初心只是為了讓自己的兩個孩子吃得健康又快樂，沒想到無心插柳的結果，竟然成了立體造型專業老師、蔻食手創立體造型饅頭品牌主廚、禾沐生活學苑烘焙廚藝教室創意總監，都是人生中意外的收穫，這一切都要感謝這顆神奇的小饅頭。

大娘娘的手作 為我種下造型饅頭的種子

美姬老師是內蒙古人，人生吃到第一顆有造型的饅頭，不是出自山東麵食大王家母的手，也不是我自己做的，而是一位老奶奶做給我的。

這位奶奶是爺爺大哥的太太。內蒙古稱爺爺的兄長為大爺爺，另一半則呼為「大娘娘」。大娘娘是位裹著小腳的傳統中國女性，還記得我大約 7、8 歲時，總愛找大娘娘玩，每次看到她的腳比我這個小孩的還小，就覺得好好玩。平日她裹著小腳，挽著髮髻，大門不出二門不邁，唯一的興趣就是做麵食，內蒙古稱有造型的饅頭為「麵人人」。

大娘娘做的傳統麵人形象簡單明瞭，做隻魚的身形，用家裡的大剪刀剪出魚鱗，梳子壓出魚尾巴；捏個胖娃娃的樣子，筷子頭沾紅紙泡的水點個紅點，這些簡單的造型，就足以讓我們這些孩子樂個半天，抱著捨不得吃掉，肚子餓忍不住大口咬下，滿口是 Q 彈、扎實自然的香甜味道。大娘娘看我們吃得高興，也總樂意多做給我們。

記憶中，這位裹小腳的大娘娘總是一扭一扭地進進出出，張羅內外，把一桌桌的傳統麵食端上桌。前幾年，大娘娘享壽 90 多歲離世，我身在台灣無緣再與她老人家見上一面，可是這段幸福記憶卻一直縈繞心頭。謝謝她老人家，在我小小的心中種下了一顆造型饅頭的種子，時隔數十年之後，在台灣這塊土地上，竟然萌芽出奇趣的 3D 立體造型饅頭。

希望借由這本書，也把這顆神奇幸福的種子，植入更多人的餐桌上、孩子們的笑臉中。

不變的初心 為造型饅頭更努力

　　此書的出版，要感謝讀者們對於第一本《卡哇伊立體造型饅頭：零模具、無添加、不塌陷，創意饅頭全攻略》的支持；感謝我的出版社——朱雀文化的用心編輯；感謝麥田金、杜佳穎、呂昇達、馮嘉慧、余家菁老師們的熱情推薦。《卡哇伊 3D 立體造型饅頭》書中內容出自美姬老師原創造型，希望藉此開啟大家更多的創意之門；新增英文標題，可以和孩子邊玩邊學簡單的單字；每個造型都有專屬的設計發想，讓大家了解造型的創作起源；後面有老師寫的小知識和小故事，等待發酵的時候，不妨讀一讀，放鬆身心。

　　食物是傳承文化、傳遞情感最好的方式，願「3D 立體造型饅頭」源於王美姬老師、幸福於每個人！

王美姬 老師

於 前往上海教學的旅程中

2016.12

美姬老師出好書

　　美麗的饅頭女王——美姬老師，在所有學生及手作饅頭迷的引頸期盼下，又有新書上市囉！新書裡教大家運用天然食材，自製簡單餡料，做出各式可愛又逗趣的立體造型饅頭，內容精彩又豐富，是您絕對不能錯過的一本好書。

　　趕快來，讓我們備妥食材、挽起衣袖，照著書中的介紹，一起動手跟著美姬老師做造型饅頭吧！

超人氣烘焙名師

麥田金

和美姬老師 一起玩饅頭「開美肌」

　　恭喜網封「萌饅頭教主」王美姬老師又出新書了，她的第一本著作「卡哇伊立體造型饅頭」堅持零模具、無添加，只用天然食材，發揮巧思創意，繽紛如童話般的「萌饅頭」一推出就造成轟動，我也慕名請王老師授課，感受她把平凡的麵糰「開美肌」，賣相與口感兼具。

　　尤其王老師從打麵糰開始，且由淺入深，讓萌度不會變難度，製作步驟超詳盡，還有貼心的「小訣竅」，提升初學者的成功率；尤其高難度的天然顏料調配比例、發酵時間的掌控、如何讓造型麵糰不會發過頭、蒸煮過程不失敗、出爐時每個「萌饅頭」的色澤神韻都抓得唯妙唯肖，充滿童趣，都是王老師研發上千次的心血結晶。

　　不但造型的萌度破表，口感更美味，原來王老師來自內蒙古，從小跟著父母收割小麥，把小麥當口香糖，小麥田就是她玩麵糰的樂園；從小師承母親三十多年中點經驗，每個饅頭都不油不膩，也不甜，充滿 Q 彈麵香，甚至山東大饅頭、台式刈包也發揮無限創意，來個造型大變身，不但適合媽媽們滿足挑嘴的孩子，也適合開業者創造更多商機。

　　第二本書《卡哇伊 3D 立體造型饅頭》，美姬老師更上層樓，公開更多變的造型技法，完美運用在中式饅頭，把天然蔬果雜糧當調色，善用抹茶、南瓜、紅麴、可可粉、竹炭黑芝麻等健康食材，讓簡單的饅頭變得好看又營養，讓人迫不及待趕快打開新書，跟著美姬老師，一起玩饅頭「開美肌」喔！

烘焙甜心
杜佳穎

手做的溫暖，
絕對值得我們一生一定要體驗一次

相信自己就能帶來改變，我所認識的王美姬老師，憑著一股堅持，從無到有慢慢累積自己所學的一切，再將這一切毫無保留地回饋給廣大台港新馬內陸等廣大的學員。我可以說，美姬老師征服的不只是學生的味蕾，而是讓學生找回重拾對於手做的感動！

賦予包子饅頭生命的始終是人，即使相同的手法、手藝，不同的情感和靈魂，也會為每一份手做點心增添美味與感動。

一場愛與汗水交織的旅程，美姬老師用溫暖的手藝讓點心創造了全新的意義，每一個學員笑容的背後，幾乎都有一位認真付出無怨無悔的老師。

這就是我認識的王美姬老師，讓學生能夠擁有愛與美感的能力，同時感受生命小小確切的幸福感！

溫泉吐司創始人 & 超人氣烘焙名師
呂昇達

美學樂生活 創造新價值

再平凡不過的饅頭，也能賦予新生命。美姬老師藉由獨特美學概念導入我們平民美食，天然的食材運用、豐富色彩的搭配以及立體造型的設計，讓饅頭不僅僅是饅頭，在品嘗麵食的同時，也是一種視覺的享受。

此外，原本就有深厚麵食底子的美姬老師，對於必須嚴謹控制的發酵、蒸煮技術駕輕就熟，也樂於分享自身經驗給予大家，相信各位讀者在閱讀此書後，必定能在麵食上功力大增，成功的美食將為您的生活帶來更多樂趣！

烘焙魔法師
馮嘉慧

跨海的八千里路 盡情揮灑家鄉味

烏蘭巴托的夜映出妳清麗的臉。

然後妳來到福爾摩沙的甜蜜小天地裡，揉盡妳故里至親的美與愛。

串聯這跨海的八千里路雲和月，揮灑這親情與家鄉孕育妳的形與意。

遙想諸葛孔明收服孟獲的西域，七七四十九「蠻首」取代人頭祭供異鄉孤魂，歸罪於己，慈悲於民。揉進慈心與悟性，呼和浩特的風，吹彈今世羊群的「曼澤」，於是幻化成羊群片片，於是幻化成中西的可愛與斑斕。且讓我們吃下一朵美麗，然後心領神會，回家後與寶貝在愛的麵糰裡，揉進更多的溫柔，再蒸起溫暖的朦朧，竟日的是風是雨，都療癒在纏綿協力的手心，消融於唇齒的互動，還對於彈性的咀嚼，有了人生的口感。

遙想三國人稱「萬人敵」張飛，刀割饅頭，夾肉食用，「刘包」初初霸氣登場！怎知美姬的巧手柔情，輕解霸氣化骨，再雕琢捏塑成各個大眼如三弟的QQ 刘包，孩子們寶貝爭食著，你說張飛他，能信嗎？千年的傳承，活在主裡的真心，堅決如鐵的真材實料，於是揉出各異的饅頭，蒸出麵香處處。這脫胎換骨的鞠躬盡瘁，妙算如孔明必始料未及！中西並進，新舊同行，編織著盛情，鑲嵌進精心，征戰幾回哪敵千古柔情？攻城略地哪敵得過傾心相許？

祝禱飄洋過海地漫佈開專屬妳的風華與風土，感恩那一天的羊羊如願吃進妳手創的哈士奇饅頭。烏蘭巴托的心盛在我的掌中，一手托起親愛，一手扶著黑夜。

食羊羊家的飯飯 執行長

余家菁 Era Yu

Part 1
技巧教學

什麼是立體造型饅頭？

什麼是美姬老師的完美饅頭配方？

怎麼樣調出彩色麵糰？

讓這一篇來告訴你！

超萌、超可愛、超好吃

百變 3D 立體造型饅頭

什麼叫 3D 立體造型饅頭？它和捏陶有什麼相關性？
看美姬老師怎麼說！

什麼是 3D 立體造型饅頭？

相傳饅頭原自三國時代的諸葛孔明，3D立體造型饅頭則由美姬老師介紹給大家。

3D立體造型饅頭利用天然食材調製出具有色澤、香氣，營養的健康麵糰而製成，製作上與傳統饅頭最大的不同，在於需要手工擀製或捏塑出凹凸有致的外型，並利用各色天然食材調色彩色麵糰，組合出感動人心的作品。

造型設計時需要特別考慮熟成後外觀的保持狀態。所有細節全由手工捏塑而成，利用麵糰的可塑性、黏性、延展性，使饅頭一體成型，呈現無接縫狀態，並將作品組合成獨特優美的3D立體造型。

裝飾後的立體造型饅頭，藉由適宜的溫濕度使酵母發酵，使內部充滿氣孔，經過蒸汽熟成，一顆顆溫暖、柔嫩、充滿彈性、帶有滿滿療癒效果的神奇小饅頭，躍然而生。

有如捏陶般的造型饅頭

製作3D立體造型饅頭，就像是捏陶一樣，從選擇一塊好陶土開始，然後拉胚、揉捏、塑型到燒製，過程一如利用中式麵糰的黏性，結合捏塑的技巧，搭配發酵麵食的特性，製作出可愛天然無負擔的立體造型饅頭，唯一不同的是我們得先將麵糰調色，而不像捏陶是在最後的階段才上釉著色。

麵糰
（陶土）

麵糰就像陶土，本身是基底，揉麵糰就如製土，無論機器或手工揉麵，揉出光滑有黏性的麵糰，就如同陶匠擁有一份製陶的好土。

麵糰塑型（拉胚）

揉好麵糰（陶土）後，接下來進行塑型（拉胚）動作，藉由推、收、滾的過程，將麵糰壓實滾圓，並且利用雙手來塑型修飾，例如雙手合十向下推則可出現三角形的青蛙；而單手下扣則是可以滾出橘子的圓形。

麵糰調色（上釉）

等到麵糰確立，接下來需要將其餘裝飾麵糰調色，這個過程，就有如陶土上釉一樣！把天然食材乾燥而成的色粉，融合於麵糰中，揉製出具有香氣和色澤的彩色麵糰。

麵糰組合（揉捏）

調色完畢後，好玩的零件組裝就要開始了，利用麵糰本身的黏性和支撐力，用雙手揉捏出可以完美融和於主麵糰的零件。

造型（塑型）

無論是捲翹的睫毛或是櫻桃小口，甚至是一條圍巾、一個髮飾，所有可愛部位都可以透過雙手靈活捏塑出來，過程完全不需要模具，也因為這樣，所有的作品都是世界上獨一無二的手創作品。

麵糰發酵&蒸製（燒製）

細心地將零件組合於主麵糰後，即進入關鍵的發酵階段。在發酵最佳時機入鍋蒸，是成品能否成功的關鍵。經過一番「蒸汽美容」，開蓋前懷著既期待又怕受傷害的心，一顆顆超乎想像的饅頭出現了，有可能是讓人小挫折的痘疤寶寶；也可能擁有SK2般的美肌，但無論如何，享受與麵糰在一起的感覺，揉捏過程中紓壓平靜與激發創意的過程，一定會令人好想再來一次。

完成（成品）

開蓋前的未知，如同樂透開獎一般，也增添了3D造型饅頭的趣味性，美姬老師也經過數千次失敗的經驗，才能成就出今日每一款迷人的造型饅頭。大家捲起袖子，一起動手做吧！

有了他們，事半功倍！

做立體饅頭所需要的工具

想要有好吃的立體造型饅頭，
當然需要擁有好用、順手的器具！
看看美姬老師常用的哪幾款工具。

電鍋

可用來發酵饅頭，或蒸饅頭用；也可以和蒸籠一起使用，替代瓦斯爐。

竹蒸籠

蒸饅頭最理想的工具，透氣性佳，不易造成滴水，同時好的竹蒸籠蒸完還會有竹子的天然香氣。使用後的保養需要特別注意，建議自然風乾，勿曝晒，否則容易發霉或變形。

電動攪拌機或麵包機

攪拌麵糰用，方便打出麵糰的筋性，解決手揉麵糰無法揉至完全光滑的問題，同時也節省製作時間。

金屬蒸籠

優點是容易清洗及保存，缺點是透氣性不佳，易造成滴水的問題。

工作檯面

光滑的大理石檯面最適合揉麵整形；不鏽鋼檯面、塑膠砧板或防滑軟墊亦可，但需要留意墊板需固定，防止揉麵時候滑動，不利施力揉麵和滾圓。

瓦斯爐

煮沸熱水、蒸煮用，一般家用瓦斯爐火力開中大火；若使用快速爐，請特別留意火候勿過大。

粿巾

用於金屬蒸籠包覆鍋蓋用，防止水滴到饅頭上，大小請採用可以包覆鍋蓋的尺寸。

黏土工具組

書局售有非常便宜的小朋友黏土工具，清洗乾淨後就是非常好用的造型饅頭輔助工具。

翻糖工具組

有些特殊的造型，需要用到翻糖工具，才能讓造型更加美麗。

塑膠刮板

剷出攪拌缸內的麵糰，並刮除殘留於攪拌缸壁上的麵糰，亦可作為切割麵糰用。

小擀麵棍

延壓出氣泡，擀平麵皮用。

計時器

計時攪拌時間、發酵時間、蒸煮時間、冷卻時間的最佳工具。

小鋼盆

手工揉麵及秤量材料用。

橡皮刮刀

將奶水和麵粉和勻時使用。

電子秤

秤量各種食材，因造型饅頭麵糰份量較少，請選用可以計算小數點的電子秤。

饅頭紙

各種大小的饅頭紙，圓的、方的皆可。本書建議使用10×10公分方型饅頭紙，狸貓、美姬熊等大型造型饅頭，則須使用20×20公分的大張饅頭紙。

筆刷

麵糰表面刷牛奶，或沾上麵粉糊將身體與頭部黏合，或在臉上刷出腮紅時使用。

牙籤

幫助固定裝飾線條，或截斷線條等。

美容小剪刀

用來剪出刺河豚身上的刺、聖誕老公公的帽沿等。

散熱架

饅頭蒸好置於散熱架放涼。

擁有好食材 饅頭就成功一半

饅頭要好吃，食材一定要用得好！
本書的立體饅頭，全部使用天然食材，
無添加、零色素，是美姬老師的堅持，
也希望這股堅持，能影響大家，
為心愛的家人，做出最天然的饅頭！

食材篇

即溶酵母粉

幫助麵糰發酵。各家品牌酵母活力不同，請讀者多加嘗試比較。美姬老師使用的是法國即溶酵母，它不僅溶解快，酵母活性也不錯。

純橄欖油

由橄欖榨取而成，建議選擇初榨橄欖油，會有天然的果香味，當然也可用其他植物油替代。

中筋麵粉

中筋麵粉即粉心粉，其筋性最適合製作造型饅頭。

細砂糖

提供酵母養分，增加饅頭甜味，也可以使麵糰更加柔軟有黏性。美姬老師常用的是細粒砂糖，有時候也會換換口味，使用如香草糖、三溫糖、上白糖等。

全脂鮮奶

增加營養及香氣，也會對麵糰有美白效果，美姬老師從小在乳牛群中長大，知道牛乳濃度和母乳類似，因此選擇的是喝起來清淡的國產鮮乳。除了牛奶以外，美姬老師也推薦豆漿，雖然做起來饅頭沒有牛奶白，卻多了獨有的豆香，當然也非常適合全素的家人享用，但請注意，使用豆漿時水分請再酌量減少。

調色粉

本書所使用的調色粉，全部以自然食材製成，沒有任何化學成份，關於調色粉的使用方式，請見P16〈彩色麵糰這樣做！〉。常見的調色粉計有：

蝶豆花粉
可調出藍色

紫地瓜粉
可調出深紫及淡紫色

紅麴粉
可調出膚色、粉色、紅色

竹炭粉
可調出灰色及黑色

黑芝麻粉
可調出灰色及增加麵糰香氣

南瓜粉
可調出淡黃色及深黃色

菠菜粉
可調出翠綠色

抹茶粉
可調出草綠色

無糖可可粉
可調出深巧克力色
及淺巧克力色

內餡

為了讓立體造型饅頭口感更有層次，不妨加入如紅豆餡等內餡。此外市售的果乾、堅果、果醬等，或是在饅頭表面上撒上一些黑白芝麻，也是不錯的選擇。關於紅豆餡等低卡內餡的製作方式，請見P18〈美姬老師特製低卡餡料〉。

蔓越莓果乾

天然椰棗乾

起司絲

白芝麻

黑芝麻

彩色麵糰這樣做！

材料 *Ingredient*

白色麵糰
調色粉
牛奶

Point 小訣竅

色粉加入的多寡會
影響作品的顏色及
口味，不同產地、
不同品牌的色粉顏
色深淺差異非常
大，故無法提供色
粉搭配比例，請把
握「少量多次」添
加原則。

另外提醒大家，天
然食材調色後的麵
糰經過高溫蒸煮
後，顏色會加深，
因此建議顏色不要
調得太重。

Steps | 做法 |

1 將材料準備好。

2 將色粉加入白色麵糰
裡。

3 以手將色粉揉入麵糰中。

4 加點牛奶增加濕潤度。

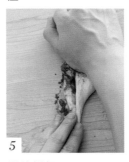

5 繼續搓揉。

6 搓揉至色粉與麵糰混
合均勻，並揉至麵糰
光滑即可。

橘色系

先調出飽和的黃色，再加入紅麴粉，視紅麴粉
多寡，調出深淺的橘色。

淡橘色麵糰

深橘色麵糰

黃色系

白色麵糰加入南瓜粉，視南瓜粉多寡，調出深
淺的黃色。

淡黃色麵糰

黃色麵糰

粉紅色系

白色麵糰加入少量紅麴粉，
視紅麴粉多寡，調出深淺的
粉紅色。

淡粉紅色麵糰

紫灰色

白色麵糰加入芝麻粉，先調出灰色麵糰，再加
紫地瓜粉調出紫灰色，再用黑色麵糰調整成為
深紫灰色。

淺紫灰色　　深紫灰色

膚色系

白色麵糰加入微量紅麴粉，調出膚色麵糰。

膚色麵糰

藍色系

白色麵糰加入蝶豆花粉，視蝶豆花粉多寡，調
出深淺的藍色。

淡藍色麵糰　　深藍色麵糰

紫色系

白色麵糰加入不同量的紫地瓜粉，
調出深淺的紫色。

淡紫色麵糰　　深紫色麵糰

綠色系

白色麵糰加入抹茶／菠菜粉，視抹茶／菠菜粉
多寡，調出深淺的綠色。

淡綠色　　正綠色　　深綠色
麵糰　　麵糰　　麵糰

灰色系

白色麵糰加入芝麻粉，視
芝麻粉多寡，調出深淺的
灰色。

淡灰色麵糰　　深灰色麵糰

巧克力色系

白色麵糰加入無糖可可粉，視無糖可可粉多
寡，調出深淺的巧克力色。

淡巧克力色　　深巧克力色
麵糰　　麵糰

美姬老師特製低卡餡料

內餡能讓立體造型饅頭口感更有層次，美姬老師特別為讀者製作低卡餡料，自己動手做最安心，千萬不要錯過美味十足、超好吃的內餡！

芝麻餡

材料

黑芝麻粉150克、無鹽奶油100克、細砂糖25克

做法

1. 將無鹽奶油及細砂糖放入平底鍋中，以小火融化。
2. 將黑芝麻粉加入融化好的奶油糖水中，以小火拌炒出芝麻香氣。
3. 拌炒成糰後，即可起鍋。放涼後放入冰箱冷藏。

本書饅頭：

貓頭鷹 P79

企鵝 P97

芋頭餡

材料

熟芋頭250克、無鹽奶油20克、細砂糖20克

做法

1. 將蒸熟的芋頭以叉子壓碎，加入無鹽奶油及糖拌勻。
2. 將餡料放入平底鍋中，以小火拌炒成糰即可起鍋。
3. 放涼後放入冰箱冷藏。

本書饅頭：

刺河豚 P93

地瓜餡

材料

熟地瓜泥 200克、無鹽奶油20克、細砂糖10克

做法

1. 將蒸熟的地瓜趁熱壓成泥狀，加入無鹽奶油及糖拌勻。
2. 將餡料放入平底鍋中，以小火拌炒成糰即可起鍋。
3. 放涼後放入冰箱冷藏。

本書饅頭：

棕色小浣熊 P101

美姬熊 P73

紅豆餡

材料

紅豆500克、無鹽奶油50克、細砂糖50克

做法

1. 紅豆泡水6小時後，煮至用橡皮刮刀可輕易壓碎的程度。
2. 將紅豆粒去除多餘的水份，秤重500克備用。
3. 將紅豆粒放入平底鍋中，以木匙大致壓碎，加入無鹽奶油及糖拌勻。
4. 將餡料放入平底鍋中，以小火拌炒成糰即可起鍋。

TIPS

紅豆餡水份盡量收乾一些。

5. 放涼後放入冰箱冷藏。

本書饅頭：

海龜 P89

手感超Q、口感超優

立體饅頭超完美配方大公開

配方的好壞，直接決定了饅頭成功與否。

這個配方是美姬老師實驗數千次之後，

無私分享給讀者最完美的饅頭配方。

這個配方做出來的饅頭，會有Q彈的手感，會有綿密的口感。

是一個讓人想一做再做的好饅頭配方。

最佳麵糰配方大公開

（本書基礎麵糰）

材料：（此配方做好的麵糰約500克，大家可依
據自己需要製作的造型及數量，來分配麵糰。）

中筋麵粉280克

全脂鮮奶150克

細砂糖30克

酵母粉3克

橄欖油7克

1. 書中的食譜，皆以製作一顆饅頭所需的麵糰重量為例，讀者
   若想多做幾顆，就可以依每一款造型饅頭的配方比例加倍。

2. 基礎麵糰做好後，便可以依書中每一款造型饅頭食譜的需
   求，開始調色，將白色麵糰調成所需顏色，就可以開始製作
   本書裡任何一款立體造型饅頭。

手揉、機器攪打製作麵糰 Step by Step

饅頭要好吃的基本功

擁有好配方，
卻不能忽略麵糰製作的過程。
不論是手工揉，或是機器攪打，
仍舊有不少撇步，美姬老師教你，
怎麼做出最佳的饅頭基礎麵糰。

手揉，體會麵糰的溫度

工具 *Tool*

鋼盆、橡皮刮刀

Steps | 做法 |

1
將牛奶倒入鋼盆中，再將酵母倒入。

2
以橡皮刮刀將酵母與牛奶略微攪拌均勻。

3
加入砂糖後，再以橡皮刮刀攪拌至砂糖及酵母大致溶解，不需要到完全溶解。

4
加入中筋麵粉及橄欖油。

5
再以橡皮刮刀攪拌至不見粉狀。

6
將麵糰自鋼盆取出，置於桌面。

7
以雙手開始推揉麵糰。

TIPS
揉麵需要用身體的力量，請雙腳前後站立。

8
以推揉收壓的方式，將麵糰揉至完全光滑。

攪拌機，和媽媽手說Bye-Bye

攪拌機

Steps │做法│

1	*2*	*3*	*4*	*5*
將牛奶、酵母、砂糖依序倒入攪拌缸的鋼盆中。	再以橡皮刮刀攪拌至砂糖及酵母大致溶解，不需要到完全溶解。	加入中筋麵粉、加入橄欖油後，以勾型攪拌器攪拌。	以中速攪拌約12～15分鐘。	麵糰攪拌至完全光滑取出。

麵包機，一指搞定！

工具 *Tool*

麵包機

Steps │做法│

   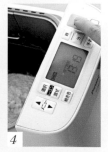 

1	*2*	*3*	*4*	*5*
將牛奶、酵母、砂糖依序倒入麵包機的內鍋中。	加入中筋麵粉。	加入中筋麵粉、橄欖油。	啟動麵包機麵糰模式，攪拌約15分鐘。	麵糰攪拌至完全光滑取出。

勤練習，讓你的饅頭更完美

12 大法則，細說立體造型饅頭 製作 發酵 蒸煮 要訣！

立體造型饅頭屬於中式發酵麵食，請大家務必多從簡單的造型練習起，無論是製作麵糰，依照自己所處的環境適度發酵，和家中的瓦斯爐蒸籠培養默契，都需要多實驗、多練習，把中式點心的基礎打好，製作有挑戰的造型才會更有成就感，即便起初蒸的不漂亮，它依舊是一顆好吃又健康的鮮奶饅頭，大口吃掉挽起袖子再來一次就好，過程永遠比結果更重要，享受你的造型饅頭旅程吧！

法則 ❶ 深鍋比較好　請選擇鍋底較深的鍋子，避免火力太接近饅頭，一來水容易濺到饅頭，二來水份不夠，容易將饅頭烤乾。

法則 ❷ 過濾水比較好　自來水中含有大量氯，經過高溫蒸發會釋放「三鹵甲烷」，饅頭會吸收水蒸氣，因此建議大家使用過濾後的水來蒸饅頭。

法則 ❸ 請特別注意水溫　美姬老師經常將饅頭放在蒸鍋裡發酵，然後就使用發酵後自然降溫的水直接開始蒸，加熱的過程也是饅頭發酵成長的過程。

法則 ❹ 水量比例很要　蒸鍋內請保持適當水量，不需要過多，但也不能太少，以致於蒸煮時間還沒到就燒乾，建議以鍋子高度 1/3 水位為參考。

法則 ❺ 蒸籠距離水面的位置要注意　蒸籠請勿太接近水面，保持水蒸氣有向上升騰的空間。

法則 ❻ 火力的大小得注意　請視家中瓦斯爐火力靈活調整，建議以中大　火蒸煮。

法則 ❼ 有沒有「粿巾」差很大　竹製蒸籠透氣性佳，基本上不會有滴水的問題，但金屬蒸籠則會有很嚴重的滴水狀況，請務必在鍋蓋綁一條「粿巾」，防止水滴到饅頭造成凹洞。

TIPS
蒸之前請將粿巾摺出一角，製造出一個天然的透氣孔，讓適當的蒸氣抒發在外。

法則 ❽ 發酵方法及訣竅　發酵是立體造型饅頭成功與否的重要關鍵，很多人無法判斷是否發酵完成，導致成品不是塌陷就是乾扁，美姬老師經過數萬顆成功失敗的造型饅頭洗禮，摸索出一些發酵的小訣竅，分享給大家。

/ Step1 / 光滑很重要　不論用手揉或機器代勞，麵糰一定要揉到光滑，但千萬不能揉到斷筋。

/ Step2 / 發酵完成前將造型做好　因為在製作過程中，麵糰仍不斷發酵，若麵糰已經發酵，造型時按壓的地方會出現凹洞，無法做出成功的作品，因此要在「發酵完成前」完成造型。

/ Step3 / 發酵時間控制好　造型饅頭做好後，先將鍋中水溫加熱到 45 ～ 50 度上下立即關火，將蒸籠放於鍋子上方，利用鍋中的餘溫發酵，發酵時間依氣溫和個人製作動作快慢有很大不同。夏天室溫 30 度時，發酵時間約 20 分鐘，冬天溫度低則需要適度延長。整體發酵至原本麵團的 1.8 ～ 2 倍大左右，輕觸會慢速回彈，麵糰拿在手上變得輕盈，即可直接開火蒸煮。蒸造型饅頭的水溫非冷水或滾水，而是發酵時的溫水直接開火。

發酵適中

發酵不足

發酵過頭

TIPS
對新手來說，美姬老師教大家一個快速判斷發酵是否完成的小秘訣，如果是書中常見的50克上下的圓形麵糰，只要發到整顆麵糰的平均直徑約6～6.5公分，就是發酵適宜的大小，大家務必要多練習，增加判斷經驗，不然很容易蒸出發酵不足的黃扁饅頭或發酵過頭的皺皮饅頭，「練習」是做出漂亮立體造型饅頭唯一捷徑。

法則 ❾ 蒸煮的水溫及時間　蒸煮立體造型饅頭的水溫我們利用發酵後的溫水直接開始蒸，這樣可以讓造型饅頭慢速成長，以利用造型維持，蒸煮時間約18～20分鐘，火候請用中大火，若體積較大的造型可以多蒸2分鐘。

法則 ❿ 開蓋請小心　蒸煮時間到，立刻熄火，為讓內外溫差接近，請停留 5 分鐘再開蓋。而打開鍋蓋時請將蓋子水平移動，先開一點小縫隙，再慢慢拉開。

法則 ⓫ 成品不要停留在蒸籠裡　蒸好的饅頭要馬上取出，防止蒸籠底部的水將饅頭浸濕。

法則 ⓬ 保存饅頭有妙方　放涼的立體饅頭，可獨立包裝後放入冰箱，冷藏可以保存三天；冷凍則可保存一個月。

TIPS
蒸之前請將粿巾摺出一角，製造出一個天然的透氣孔，讓適當的蒸氣抒發在外。每一顆可愛的立體造型饅頭請獨立包裝，且蒸好放涼之後要趕快包裝，不能置放在冷氣房裡吹冷氣，否則饅頭的表皮會龜裂哦！

Part2
饅頭

和美姬老師一起大玩特玩3D造型，
美麗的公主、可愛的招財貓、夢幻的獨角獸……，
你決定好先做哪一款了嗎？

右招財左納福 招財貓
Japanese Lucky Cat

每到新年總會想要帶什麼伴手禮走訪親友，健康喜氣的立體招財貓造型饅頭可說是人見人愛，用招財貓作為新年祝福新年一定旺！這款造型突破常見的平躺做法，而是讓招財貓有如瓷偶般站立，製作時需特別留意麵糰的硬度，以保持高度，祝福每一位讀者一見招財！

材料 *Ingredient*

白麵糰約52克
紅色麵糰約2克
黑色麵糰約2克
黃色麵糰約1克
牛奶適量
紅麴粉適量

道具 *Baking props*

擀麵棍
牙籤
筆刷

教學重點 *Point*

☑ 彩色麵糰製作：紅色、黑色、黃色
☑ 靈敏的大耳朵
☑ 可愛的貓鬍鬚

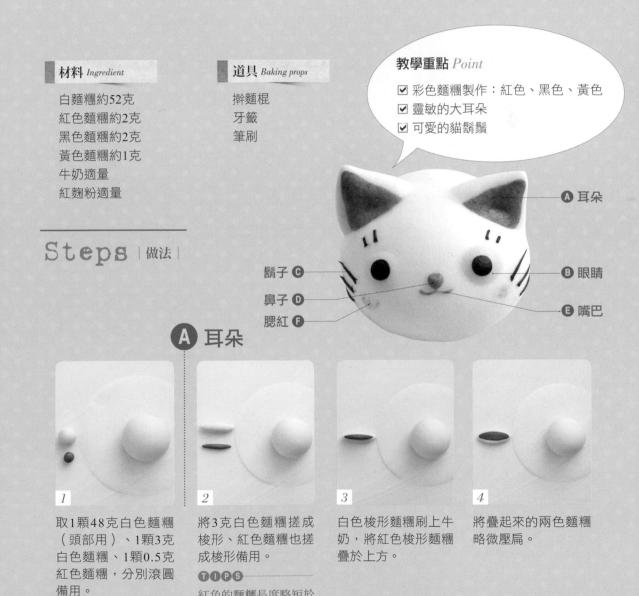

Ⓐ 耳朵
鬍子 Ⓒ
鼻子 Ⓓ
腮紅 Ⓕ
Ⓑ 眼睛
Ⓔ 嘴巴

Steps |做法|

Ⓐ 耳朵

1 取1顆48克白色麵糰（頭部用）、1顆3克白色麵糰、1顆0.5克紅色麵糰，分別滾圓備用。

2 將3克白色麵糰搓成梭形、紅色麵糰也搓成梭形備用。
TIPS
紅色的麵糰長度略短於白色麵糰。

3 白色梭形麵糰刷上牛奶，將紅色梭形麵糰疊於上方。

4 將疊起來的兩色麵糰略微壓扁。

5

將壓扁的兩色麵糰切成兩半,準備做招財貓耳朵。

6

將耳朵黏在已刷上牛奶、滾圓備用的頭部麵糰上方。

7

取2顆黃豆大小的黃色麵糰,搓成圓形備用。

8

臉部刷上牛奶,將黃色麵糰黏在眼睛部位上,略微壓扁,當作眼白。

9

取2顆綠豆大小的黑色麵糰,滾圓後備用。

10

將眼白刷上牛奶,將黑色麵糰黏在眼白上,略微壓扁,當作瞳孔。

11

取少量的黑色麵糰,滾圓後,搓成長條細線。

12

用牙籤取中間一小段約0.5公分,做眼睫毛,重複此動作4次。

C 鬍子

13

繼續搓出尾端較細的黑色細線,用牙籤取一小段尾端,做招財貓的鬍子。重複此步驟,將招財貓兩邊的鬍鬚都做好。

D 鼻子

14

取約半顆綠豆大小的紅色麵糰,先搓成水滴狀,略微壓扁後,用牙籤塑成愛心形狀。

E 嘴巴

15

用牙籤將愛心黏在兩眼中間略下方,做成鼻子。

TIPS

可以用牙籤將愛心形狀壓得再深一些。

16

取少量的紅色麵糰,滾圓後搓成長條細線,用牙籤取約1公分長度,黏在鼻子下方,線條中間用牙籤頂上去,讓線條和鼻子相接。

F 腮紅

17
紅色線條兩旁的線頭，再用牙籤微微推高，做成討喜的微笑嘴巴。

18
用小號水彩筆刷子沾上紅麴粉，在鬍子旁邊塗上腮紅。

TIPS
腮紅以畫圈的方式畫出，較為自然。

19
招財貓完成，發酵完成後，入蒸鍋（電鍋）蒸製即可，招財貓蒸前蒸後對比。

TIPS
做成笑咪咪眼神招財貓，也很可愛！

美姬老師説故事

招財貓，為你招福又招財

　　招財貓是台灣店家最愛的一種陶瓷擺設，笑咪咪的招財貓，讓客人在結帳時也忍不住會心一笑。招財貓流行自日本，和其他日本文化一樣具有很多的寓意。

　　日本招財貓有公貓、母貓之分，不是透過穿搭區分，而是看手勢，只要舉右手就是公貓；舉左手則是母貓。

　　細膩的日本文化連貓咪的手部高低也有不同的意義，手舉在臉旁代表可以招來近處的福氣；手舉過頭則可以召喚遠方的福氣。

　　再來是不同顏色招財貓，代表的祝福也不同，白色是最常見的，寓意招福；金色則是招財；粉色是召喚邱比特；黑色則是消災解厄。下次看到招財貓，大家不妨好好端詳一下它的身體語言。

TIPS
加了身體，更立體！想要招財貓更 3D、更立體，還可以加做身體，讓招財貓更吸睛，帶來更多福氣！

29

虎虎生威的 老虎

Tiger

意寓強壯勇敢的老虎，用健康的南瓜麵糰來做這款造型再適合不過了。設計這款造型時，腦海中回想到兒時的虎頭帽。在農業社會，媽媽一針一線縫出虎頭帽，繡上精細的圖案，後面縫上小鈴鐺，寶寶離開媽媽視線，聽聲音就知道小傢伙跑哪兒去了，媽媽一針一線間都是對孩子的愛。這款手作立體造型饅頭亦是如此，每一個線條捏塑，都把我們對孩子的愛揉捏在裡面，希望孩子飽足健康地長大。

材料 Ingredient

黃色麵糰約54克
白色麵糰約6克
黑色麵糰約6克
粉紅色麵糰約1克
牛奶適量
紅麴粉適量

道具 Baking props

擀麵棍
牙籤
筆刷

教學重點 Point

☑ 彩色麵糰製作：
　黃色、白色、粉紅色
☑ 炯炯有神大眼睛
☑ 虎虎生風老虎鬚
☑ 老虎身上斑紋做法

- L 條紋
- A 耳朵
- J 眼部斑紋
- E 鼻頭
- M 腮紅
- F 人中
- H 老虎鬚
- G 嘴巴

- K 眉毛
- I 眼線
- D 眼睛
- C 鼻子
- B 鬍鬚

Steps 做法

 ### A 耳朵

1

取1顆48克黃色麵糰（頭部用），滾圓後，上端左右略微捏窄，呈不倒翁的形狀，準備做老虎頭。

2

取1顆3克黃色麵糰、1顆1克黑色麵糰，分別滾圓備用。

3

將黃色麵糰與黑色麵糰分別搓成兩端略窄的圓柱體，將黑色麵糰疊在黃色麵糰上方，略微壓扁後對切成兩半。

4

將對切好的雙色麵糰黏在頭部上方兩側。

TIPS

黏貼的位置剛好是頭部麵糰捏窄的地方。

31

B 鬍鬚

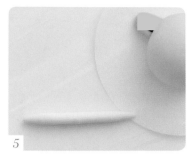

5

取1顆3克的白色麵糰，滾圓後搓成約5公分的長條狀，並將兩端略微搓尖。

6

將搓尖的白色長條擀平，成為橢圓形麵皮。

7

頭部下巴處刷上牛奶，將白色麵皮黏貼於上方。

C 鼻子

8

取1顆1克白色麵糰，滾圓後黏貼在臉部正中央位置，並將麵糰四周輕輕壓扁，服貼於臉部。

TIPS

不需要整個麵糰全部壓扁，只要麵糰四周壓扁即可，才可以做出3D立體效果。

D 眼睛

9

取2顆比紅豆略大的白色麵糰，滾圓後，搓成兩端略尖的鳳眼狀。

10

臉部刷上牛奶，將搓成鳳眼狀的白色麵糰黏貼於眼睛位置，用手將眼睛略微壓扁，當作眼白。

11

取2顆黃豆大小的黃色麵糰，滾圓後，黏貼在白色眼白上，盡量壓扁，當作眼珠。

12

取2顆綠豆大小的黑色麵糰，滾圓後，黏貼在黃色眼珠上，盡量壓扁，當作瞳孔。

TIPS

眼睛上的麵皮要盡量壓扁，否則蒸出來，眼睛會呈現疊疊樂的形狀。

13

取2顆小米粒大小的白色麵糰，滾圓後，黏貼在瞳孔上，盡量壓扁，當作瞳孔上的亮點。

E 鼻頭

14

取1顆黃豆大小的粉紅色麵糰，滾圓後，黏貼在臉部白色與黃色的交界處，下方用牙籤推成v字型，當作老虎的鼻頭。

F 人中

15

取1顆黃豆大小的黑色麵糰，滾圓後，搓成長條細線，取一段約0.5公分的黑色細線，黏貼在鼻頭正下方，當作人中。

G 嘴巴

16
取一段約1.5公分的黑色細線，黏貼在人中正下方，呈半圓形，當作嘴巴。

17
用牙籤將嘴巴人中交界處壓入，就能完美呈現出嘴型的弧度。

H 老虎鬚

18
用牙籤取數個約0.1公分黑色小線段，將小線段戳入人中與嘴巴兩邊的部分，當作老虎鬚。

I 眼線

19
取約1公分長的2條黑色細線，黏貼在眼白和眼珠的交界處，當作眼線，勾勒出可愛眼型。

J 眼部斑紋

20
取2顆約小米粒大小的黑色麵糰，滾圓後，黏貼於眼白附近，當作老虎的眼窩斑紋。

K 眉毛

21
取2顆2克黑色麵糰，滾圓後，搓成細長的水滴狀，黏貼於臉上，做出臉部上方的小眉毛。

TIPS
眉毛可以做正八字或倒八字黏貼，都很可愛。

L 條紋

22
取1顆約5克的黑色麵糰，滾圓後，搓成長條細線，取1條約3公分、1條約2.5公分，分別搓成中間略細、兩頭略尖的大雁形線條。

M 腮紅

23
將兩條大雁形線條黏貼在頭部上方。

24
繼續搓出4條2頭略尖的黑色線條，將黑色線條黏貼在老虎的下巴處。

25
在臉部刷上腮紅。老虎完成，發酵完成後，入蒸鍋（電鍋）蒸製即可。

後

前

26
老虎蒸前蒸後對比。

溫柔的海洋巨人 豆腐鯊

Whale Shark

過去幾年一直在開發天然食材，藍色是最不容易取得的。直到兩年前找到了梔子藍天然色素，接著又推廣蝶豆花（藍花）粉，分享後，越來越多人關注天然食材調色，真的為此感到開心。健康美麗的天然色澤是大自然的恩賜，一定要好好利用它！

材料 *Ingredient*

淡藍色麵糰約30克
深藍色麵糰約30克
白色麵糰約5克
黑色麵糰約1克
牛奶適量

道具 *Baking props*

擀麵棍
牙籤
筆刷

教學重點 *Point*

☑ 彩色麵糰製作：
　　淡藍色、深藍色
☑ 豆腐鯊身體製作
☑ 豆腐鯊身上斑點製作技巧

F 魚鰭
B 尾鰭
斑點 **H**
眼睛 **G**
E 身體
A 肚子
嘴巴 **D**
C 胸鰭

Steps │做法│

A 肚子

1 取1顆25克淡藍色A麵糰（肚子用），滾圓備用。

2 將滾圓後的淡藍色麵糰搓成長水滴狀。

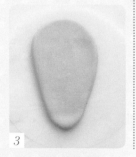

3 將水滴狀麵糰擀平，置於饅頭紙上。

B 尾鰭

4 取1顆1克淡藍色麵糰滾圓後備用，準備做豆腐鯊尾鰭。

C 胸鰭

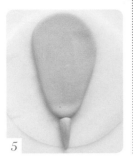

5
尾鰭麵糰搓成梭形，
黏於水滴狀麵皮底部
下方。

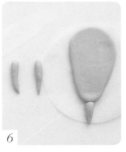

6
取2顆1.5克淡藍色麵
糰，搓成梭形，準備
做豆腐鯊的胸鰭。

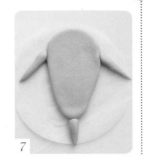

7
胸鰭麵糰黏貼在腹部
上方的兩側。

D 嘴巴

8
取1顆2克的白色麵糰滾
圓，搓成梭形，準備做
成豆腐鯊的嘴巴。

E 身體

9
將嘴巴麵糰置於嘴巴
位置處。

10
取1顆25克深藍色B麵
糰（身體用），滾圓
後備用。

11
用擀麵棍壓住深藍色
B麵糰半圓。

12
緩緩地將擀麵棍往下
擀。

13
再將擀麵棍挪至另一
個半圓前端，留住中
央的凸起處。

14
將擀麵棍向下壓出一
個凹洞。

15
將中間凸起處，略微
擀開。

16
擀好的B麵皮覆蓋在
A麵皮上方。

F 魚鰭

17

取1顆1.5克的深藍色麵糰，略分成大、中、小3顆，並且分別滾圓，準備做身體的第一背鰭、第二背鰭及尾鰭。

18

豆腐鯊尾巴刷上牛奶，分別將3顆深藍色麵糰，搓成三角錐狀，由上往下以中、小、大的順序黏在魚尾巴的位置。

G 眼睛

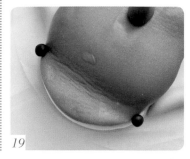

19

取2顆約綠豆大小的黑色麵糰，滾圓後，眼睛麵糰黏於嘴巴與上半身相交的兩側。

H 斑點

20

取1顆5克白色麵糰，分成數顆大小不一的麵糰搓圓，準備做豆腐鯊身上的斑點。

21

在身體上方刷上牛奶，將白色麵糰不均勻分佈其上。

22

較大的白色麵糰上以牙籤戳出小洞。

TIPS

若不戳洞，蒸出來時麵皮會鼓鼓的。

後

前

23

豆腐鯊完成，發酵完成後，入蒸鍋（電鍋）蒸製即可，豆腐鯊蒸前蒸後對比。

美 姬 老 師 小 知 識 時 間

戰艦般的豆腐鯊

　　媽媽們知道世界上體型最大的魚類是誰嗎？答案就是豆腐鯊，也叫作鯨鯊，因為牠是像鯨魚一樣大的鯊魚。目前被發現最大的鯨鯊約 20 公尺長，是 20 個幼幼班小朋友躺平連起來的長度。

　　生物學家認為這種鯊魚大約出現在 6,000 萬年前，雖然體型龐大，可是性情非常溫和，嘴巴寬達 1.5 公尺，裡面約有 300 至 350 排細小的牙齒，只要一張口，海中的浮游生物、巨大的藻類、磷蝦與小烏賊等全部一齊吞下，再一閉口，海水從鬚縫裡排出，透過這些牙齒來濾食。

　　豆腐鯊更特別的，是擁有 5 對巨大的鰓，卻配了兩顆小眼睛，每隻身上的斑點都獨一無二，很是可愛。雖然豆腐鯊看起來一身寶藍色，但其實全身大部分都是灰色的，是因為海水的關係，導致看起來偏藍灰色。

　　這種神奇美麗的生物，目前因為捕殺正大量減少中，少食魚翅、鯊魚煙，希望我們的孩子將來都能親眼看得到牠，而不是像看《恐龍百科全書》一樣，只出現在書本上。

可愛逗趣的 法國鬥牛犬

French Bulldog

台灣常見的鬥牛犬，有英國鬥牛犬和法國鬥牛犬，比較明顯的差異在耳朵，英國鬥牛犬耳朵下垂；法國鬥牛犬則是豎起來。法國鬥牛犬常見的顏色有奶油色、黑色和虎斑紋，今天要做的是可愛的奶油法鬥，雙色耳朵，肥嘟嘟嘴邊肉，萌度破表！

材料 *Ingredient*

淡黃色麵糰約55克
粉紅色麵糰約1克
黑色麵糰約2克
紅色麵糰約1克
紫色麵糰約1克
牛奶適量

道具 *Baking props*

擀麵棍
牙籤
翻糖工具組

教學重點 *Point*

☑ 彩色麵糰製作：
　淡黃色、粉紅色
☑ 靈活的小舌頭
☑ 逗趣十足的腮邊肉
☑ 雛菊做法

E 雛菊

D 臉部細節

耳朵 B

頭部 A

腮邊肉 C

Steps | 做法

A 頭部

1

取1顆約48克的淡黃色麵糰（頭部用），滾圓後，用手自左右上下捏成正方形。

2

取1顆約4克淡黃色麵糰、1顆約0.5克粉紅色麵糰，滾圓後，分別搓成約2公分（淡黃）及1.5公分（粉紅）長的梭形，並將兩色麵糰相疊。

B 耳朵

3

將兩色麵糰用擀麵棍擀平，並以工具將麵糰對切成兩半，準備做法鬥耳朵。

4

切口處略微捏薄，準備做法鬥耳朵。

此處略薄

C 腮邊肉

5
法鬥頭部麵糰刷上牛奶，將耳朵黏於頭部後上方。

TIPS

耳朵壓在頭部下方。

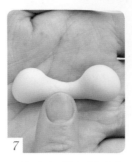

6
取1顆約4克淡黃色麵糰滾圓，準備做成法鬥的腮邊肉。

7
腮邊肉麵糰先搓成長形，再將中間搓細，做成像狗骨頭的模樣。

8
以八字形黏於臉部中央略微下方的位置。

D 臉部細節

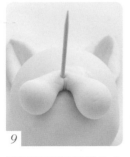

9
用牙籤將麵糰戳入主麵糰裡，以免脫落。

10
取2顆約紅豆大小的黑色麵糰，滾圓後，黏貼於臉上，做成狗狗眼睛。

11
取1顆約綠豆大小的黑色麵糰，滾圓後，黏貼在剛才牙籤戳洞的位置，當作法鬥鼻子。

12
用牙籤在鼻子下方戳出兩個小洞，做法鬥的鼻孔。

13
取1顆黃豆大小的黑色麵糰，滾圓後，搓成黑色長條，以牙籤取出約0.5公分小段，準備做法鬥鬍子。

14
將黑色小段刺入腮邊肉，左右各3根，當成法鬥鬍子。

15
取1顆約米粒大小的白色麵糰，滾圓後，黏貼在眼睛上方，略微壓扁，當成狗狗眼睛亮點。

16
取1顆約紅豆大小的紅色麵糰，滾圓後，搓成水滴狀，將其置於腮邊肉下方缺口處，並用牙籤壓出深深的壓痕，做出舌頭的樣子。

E 雛菊

17

並在舌頭下方，用牙籤壓出小凹痕。

18

取1顆約2克的紫色麵糰，搓成長條狀，切出6小塊麵糰後，分別滾圓，搓成水滴狀。

19

在法鬥頭部上方刷上牛奶，將水滴狀麵糰貼成花形。

20

用工具在花心處壓出凹痕。

21

取1顆約米粒大小白色麵糰，滾圓後置於凹處，當成花蕊。

22

在法鬥耳朵上方，切出三角形小缺口。

後

前

23

法鬥完成，發酵完成後，入蒸鍋（電鍋）蒸製即可，蒸前蒸後對比。

黃色小鴨 一家親
Yellow Ducks

這款造型旨在創作微型捏塑作品，從鴨媽媽的小圍巾到迷你小鴨鴨，都需要捏出比芝麻還要微小的細節。願意留意細小的美，必能感受生活中的小確幸！

教學重點 *Point*

- ☑ 彩色麵糰製作：
  黃色、橘色、藍色
- ☑ 捲翹的眼睫毛
- ☑ 頭部與身體的接合法
- ☑ 獨家的頭巾做法

材料 *Ingredient*

黃色麵糰約58克
黑色麵糰約1克
白色麵糰約3克
深橘色麵糰約1克
藍色麵糰5克
牛奶適量
紅麴粉適量

道具 *Baking props*

擀麵棍
牙籤
刷子
筆刷
美容小剪刀

眼睛 C

嘴巴 D

E 頭巾
A 身體
B 翅膀

Steps │做法│

A 身體

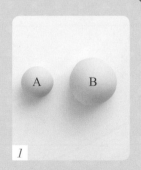

1
取1顆約12克黃色A麵糰（頭部用），及1顆約40克黃色B麵糰（身體用），滾圓後備用。

2
將B麵糰搓成水滴狀，在尖頭部分，以拇指及食指略微壓扁，圓頭部分則以拇指略微壓出一個凹洞。

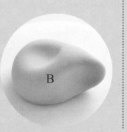

TIPS
整好的形狀如圖。

B 翅膀

3
取2顆約3克的黃色麵糰滾圓後，搓成水滴狀，準備做鴨媽媽的翅膀。

4

水滴狀麵糰的圓頭部分，以食指與拇指略微壓扁；尖頭部分用美容小剪刀剪出翅膀形狀。

TIPS

不是剪開而已，得要剪掉一塊小三角形，才會有翅膀的樣子。

5

身體側上方刷上牛奶，將翅膀黏上去。

6

身體的尾部，以美容小剪刀分別剪出2～3個三角形，做出尾巴的樣子。

C 眼睛

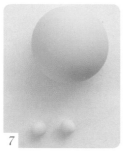

7

取2顆約黃豆大小的白色麵糰滾圓備用，準備做鴨子眼白。

8

將滾圓的白色麵糰黏在頭部兩側，略微壓扁，做成鴨媽媽眼白。

9

取1顆約綠豆大小的黑色麵糰，分成兩份，滾圓後準備做鴨媽媽瞳孔。

10

將滾圓的黑色麵糰黏在眼白上方，略微壓扁，做成鴨媽媽瞳孔。

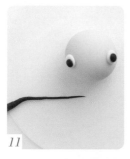

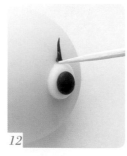

11

取1顆約3克的黑色麵糰，滾圓後，搓出尾端較細的黑色線條。

12

用牙籤取一小段尾端，當作眼睫毛。

13

重複步驟11～12約6～8次，將兩隻眼睛的眼睫毛都做好。

TIPS

用牙籤輕壓睫毛根部，是睫毛就會翹起來的小秘訣。

D 嘴巴

14

取1顆約綠豆大小、1顆約黃豆大小的深橘色麵糰滾圓後，搓成橢圓形備用。

15

約黃豆大小的深橘色麵糰略微壓扁，做成上唇。

16

約綠豆大小的深橘色麵糰，也略微壓扁，置於上唇下方，做成下唇。

TIPS

將上唇與下唇左右兩端略微捏緊，組合成嘴巴的模樣。

E 頭巾

17

在嘴巴上方，用牙籤戳出兩個小洞，當作鴨媽媽的鼻孔。

18

取約5克藍色麵糰滾圓後，搓成水滴狀。

19

將水滴狀的藍色麵糰用擀麵棍先由上至下擀長，再由左至右擀平，呈銀杏葉片的麵皮模樣。

20

將銀杏葉片狀的藍色麵皮，由上往下慢慢捲起，捲至一半。

21

捲至一半的藍色麵皮，用擀麵棍由左至右擀平。

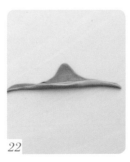

22

將擀平的藍色麵皮以360度掉頭，並將擀平處對摺，做成頭巾的樣子。

23

取白色麵糰滾圓後，搓成長條狀，以工具切出數個約綠豆大小的小段，分別滾圓備用。

24

將約綠豆大小的白色小圓點，黏在頭巾上方，略微壓扁。

25 將做好的頭巾，包在小鴨子頭上。

26 頭巾尾端兩側左右交叉。

TIPS

用牙籤在交叉處略微推入，使交叉處固定。

27 用刷子沾點紅麴粉，在鴨媽媽臉上做出腮紅。

TIPS

鴨媽媽頭部較大，需要蒸完以後才能組合。

28 鴨媽媽完成，發酵完成後，入蒸鍋（電鍋）蒸製即可。

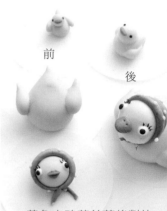

前　後

29 黃色小鴨蒸前蒸後對比。

鴨媽媽頭部身體組合

1 蒸製放涼後，塗上麵糊膠。

TIPS

麵糊膠做法
材料：中筋麵粉 3 克、滾水 5 公克
做法：將中筋麵粉加入滾燙熱水，迅速攪拌成麵糊即可。

2 將鴨媽媽的頭部黏貼到身體上。

TIPS

黏貼角度略微歪斜比較可愛。

46

可愛鴨寶寶做法

材料 *Ingredient*

黃色麵糰約7克
黑色麵糰少許
橘色麵糰少許
牛奶適量

Steps |做法|

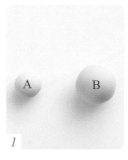

1

取1顆約1.5克黃色A
麵糰（頭部用），及
1顆約5克黃色B麵糰
（身體用），滾圓備
用。

2

將身體麵糰搓成水滴
狀，水滴尖端處，
以食指和拇指略微提
起，做成尾巴狀。

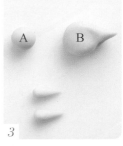

3

取2顆約紅豆大小黃
色麵糰滾圓後，搓成
水滴狀，準備做鴨寶
寶翅膀。

4

身體刷上牛奶，將翅
膀黏於身體兩側，滾
圓的頭部麵糰置於身
體上方。

5

取2顆約芝麻大小的
黑色麵糰滾圓後備
用，黏在頭部眼睛位
置，做鴨寶寶眼睛。

6

取1顆約紅豆大小的
深橘色麵糰，滾圓後
搓成圓柱體，黏在嘴
巴處。

TIPS
將嘴巴略
微壓扁。

8

鴨寶寶完成，發酵完成
後，入蒸鍋（電鍋）蒸製
即可。

美 姬 老 師 愛 小 孩

孩子，是我一生的寶貝！

能夠早早地做兩個孩子的媽媽，
是我生命中最美好的事。
孩子幼年時我給予她們滿足的陪伴；
長大後給她們自由的生長空間。
我親愛的孩子 Victoria&Zac，
媽媽從來都不是十全十美的母親，

但永遠全心全意愛著你們，
謝謝你們讓媽媽的生命如此地富足，
也因著可愛的你們帶給媽媽滿滿的創作靈感，
謝謝你們來當我的寶貝，
媽媽用一生愛你們。

就是要大晴天！晴天娃娃

Sunny Doll

生活中遇到難過沮喪的事，不妨靜下心來，揉一塊麵糰，捏一顆笑臉，讓元氣再次滿心！
無法左右天氣，但總可以改變心情。只要有一顆喜樂的心，天天都是 Sunny day！

教學重點 Point

- ☑ 彩色麵糰製作：
   紅色、淡巧克力色
- ☑ 可愛的笑容
- ☑ 吊線的做法
- ☑ 立體堆疊法

材料 Ingredient

白色麵糰約45克
黑色麵糰約5克
紅色麵糰約1克
淡巧克力色麵糰約1克
牛奶適量
紅麴粉適量

道具 Baking props

擀麵棍
牙籤
筆刷

頭部 **B**

吊線 **E**

眼睛 **C**

嘴巴 **D**

A 身體

Steps | 做法 |

A 身體

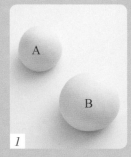

1

取1顆15克白色A麵糰（頭部用），及1顆30克白色B麵糰（身體用），分別滾圓備用。

2

將30克的白色麵糰擀成直徑約9.5公分的麵皮，準備做晴天娃娃的身體。

3

將麵皮左右兩側（＊處）捏起。

4

左右＊兩點各自捏起後，結合起來捏緊。

5
將上下略微壓下,形成晴天娃娃的身體狀。

6
將身體上部輕輕捏緊。

7
15克的白色A麵糰滾圓,將頭部下方刷上牛奶。

8
將晴天娃娃的身體和頭組合。

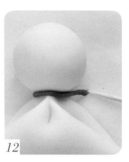

9
準備約1克的紅色麵糰,滾圓後,搓成長條細線。

10
以黏土工具組(或牙籤)取紅色線條約4公分。

11
將紅色線條圍在脖子上。

12
用牙籤將紅色線條兩端塞在脖子下方。

C 眼睛

D 嘴巴

13
取2顆約綠豆大小的黑色麵糰,滾圓備用,準備做晴天娃娃的眼睛。

14
將晴天娃娃的頭部刷上牛奶,將眼睛黏上。

TIPS
眼睛略微壓扁。

15
取1顆約綠豆大小的黑色麵糰,滾圓後搓成長細線條,準備做晴天娃娃的嘴巴。

16
取長約1.5公分的黑色長細線條,用牙籤將線條黏在嘴巴處,線條兩端輕壓,使線條固定。

E 吊線

17

取1顆約黃豆大小的淡巧克力色麵糰，滾圓後搓成長細線條，準備做晴天娃娃頭上的吊線。

18

取約20公分的淡巧克力色長細線條，將線條兩端捏緊，成橡皮筋狀。

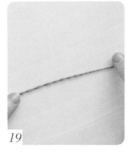

19

橡皮筋狀的線條左右兩端壓緊後，以上下搓揉方式，將線條做成麻繩狀。

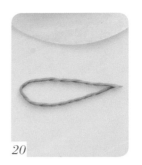

20

再將麻繩狀的兩端結合，成為吊線。

F 腮紅

21

將吊線用牙籤塞在晴天娃娃頭部底端。

22

準備少量紅麴粉及細筆刷。

23

筆刷沾點牛奶及紅麴粉，以畫圈的方式輕刷在晴天娃娃臉頰上做腮紅。

24

晴天娃娃完成，發酵完成後，入蒸鍋（電鍋）蒸製即可。

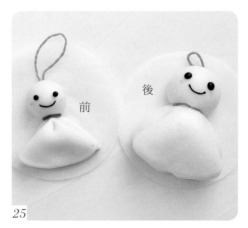

前　後

25

晴天娃娃蒸前蒸後對比。

美姬老師教學小故事

晴天娃娃，神奇的魔力！

想要做這款造型，是因為有次北上教課，窗外突然下起大雨，霹靂啪啦地打在遮雨棚上，不禁擔心很多騎機車來上課的同學，下課回家一定很不方便。

在等候大家的空檔，捏了這顆晴天娃娃出來，當澎皮可愛的晴天娃娃蒸好的同時，外面的雨居然真的停了，立體造型小饅頭，真的有一股神奇的魔力！

散播歡樂分享愛 聖誕老公公
Santa Claus

充滿分享與祝福的耶誕節，是我們全家最愛的節日。孩子還小的時候都會問：「媽媽，世界上真的有聖誕老人嗎？」我的答案一定會說：「當然有啊！不然妳的願望怎麼會實現呢？」
當有一天孩子自己説出：世界上根本沒有聖誕老公公，禮物都是爸爸媽媽買的！我也可以微笑面對，因為，孩子長大了，對人事物有了新的看法。

教學重點 Point
☑ 彩色麵糰製作：膚色、紅色、深綠色、淺綠色
☑ 毛絨絨的大鬍鬚
☑ 聖誕小裝飾
☑ 可愛的聖誕帽

材料 Ingredient
膚色麵糰約50克
白色麵糰約25克
紅色麵糰約11克
黑色麵糰約1克
深綠色及淺綠色麵糰共約1克
牛奶適量
紅麴粉適量

道具 Baking props
擀麵棍
牙籤
筆刷
美容小剪刀

帽子 A
D 腮紅
帽子裝飾 C
B 臉部

Steps 做法

A 帽子

1
取1顆約50克的膚色麵糰，滾圓後，略微捏長。

2
取1顆約10克紅色麵糰，滾圓後搓成水滴狀。

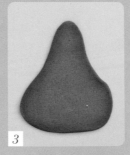

3
將紅色水滴狀麵糰先從上下，再左右擀開，呈銀杏葉片形狀。

4
將銀杏葉片形狀的紅色麵皮，包在頭部三分之一的位置上。

5
將兩側麵皮略微往內推，並將上半部往下摺，做成聖誕老公公的帽子。

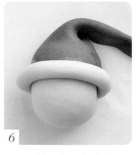

6
取1顆約6克白色麵糰，滾圓後搓成長條，黏貼在帽子和臉部接合處，當成帽沿。

7
取1顆約0.5克白色麵糰，滾圓後置於帽子的尾端，當成帽子上的毛球。

8
取1顆約1克的白色麵糰，滾圓後搓成長條，用牙籤取長度約1公分，黏在臉上，當作聖誕老公公的眉毛。

9
取2顆綠豆大小的黑色麵糰，滾圓後黏在眉毛下方，當成聖誕老公公的眼睛。

 TIPS
眼睛不需要壓扁，呈鈕扣狀更為可愛。

10
取1顆約1克膚色麵糰，滾圓後黏在臉上，當成聖誕老公公的鼻子。

11
取1顆約1克的白色麵糰，滾圓後搓成梭形，將梭形麵糰中間搓細，黏貼在鼻子下方，當作鬍子。

12
取1顆約10克白色麵糰，滾圓後，搓成水滴狀備用。

13
將水滴狀白色麵糰先由上往下擀，再自左往右擀平，呈銀杏葉片形狀的麵皮。

14
用牙籤將白色銀杏葉片形狀的麵皮推出波浪紋，做成捲曲的大鬍鬚造型。

15
將大鬍鬚麵皮自鬍子下方黏貼上去，在臉部下方呈現大鬍鬚樣，並將鬍鬚略微拉長。

16
取1顆約米粒大小的紅色麵糰，滾圓後搓成米粒狀。

17

將米粒狀的紅麵糰黏貼在鼻子、鬍子交接處的正下方，略微壓扁，當作聖誕老公公的嘴巴。

18

取2顆約小米粒大小的白色麵糰，滾圓後黏貼在眼睛處，略微壓扁，當成眼睛亮點。

19

用美容小剪刀將帽沿剪出毛絨狀。

20

用美容小剪刀將帽子上的毛球，剪出毛絨狀。

D 腮紅

21

取3顆約米粒大小紅色麵糰，滾圓組合在帽沿的側方，成為紅色果子造型。

22

取1顆約紅豆大小的深綠色麵糰、1顆約紅豆大小的淺綠色麵糰，分別滾圓後擀平。

23

擀平的深綠色、淺綠色麵糰，切成葉子形狀，黏貼在紅色果子兩旁，以牙籤壓出葉脈痕跡。

24

用細水彩筆沾一點紅麵粉，塗在兩頰、鼻頭當腮紅。

25

聖誕老公公完成，發酵完成後，入蒸鍋（電鍋）蒸製即可。

26

聖誕老公公蒸前蒸後對比。

後

前

美 姬 老 師 說 故 事

各國的聖誕老公公怎麼說？

大家常聽到聖誕老人的名字是 St. Nicholas，但你知道嗎？不同國家的聖誕老公公有不同的名字。

法國的聖誕老人叫 Pere Noel；

瑞士的聖誕老人叫 Samichlaus；

義大利的聖誕老人叫 Babbo Natale；

而英國的聖誕老人叫 Father Christmas 或 Santa；

但在家裡的聖誕老人就叫做 Papa Mama！

如夢似幻 獨角獸

Unicorn

神話故事中代表高貴、純潔的獨角獸，傳說中其角有治療能力，能過濾塵埃和毒物，以防止中毒和其他疾病，甚至有長生不死之效。養生又具有浪漫色澤的紫薯地瓜，來詮釋這款造型再適合不過了！

教學重點 *Point*

☑ 彩色麵糰製作：
　　淡紫色、七彩的顏色
☑ 迷人睡眼長睫毛
☑ 立體頭型滾圓法
☑ 七彩獨角螺旋紋路做法

材料 *Ingredient*

淡紫色麵糰約56克
深紫色麵糰約18克
黑色麵糰約1克
藍色麵糰約1克
綠色麵糰約1克
橘色麵糰約1克
黃色麵糰約1克
牛奶適量

道具 *Baking props*

擀麵棍
牙籤
筆刷

角 **C**、獨角的裝飾 **H**

鼻子 **B**、鼻孔 **F**

D 耳朵

A 臉部和脖子

G 鬃毛

眼睛 **E**

Steps | 做法 |

A 臉部和脖子

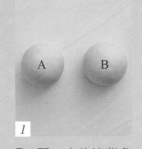

1

取2顆25克的淡紫色A、B麵糰，滾圓備用。

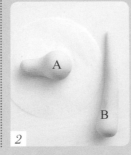

2

A麵糰前半段搓細，呈圓球形電燈泡狀，準備做獨角獸的臉部；B麵糰搓成較長的水滴狀，準備做獨角獸的脖子。

TIPS

臉部的球形電燈泡狀捏法，是先將圓球一端用手微捏，再慢慢搓，呈現出獨角獸鼻子與臉部的雛形。

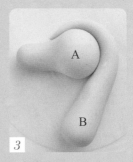

3

B麵糰的尖端處，自圓球燈泡狀的圓球處圍起半圈。

57

B 鼻子

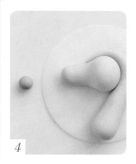

4
取1顆約2克的深紫色麵糰，滾圓備用。

5
將深紫色麵糰擀成薄圓片狀。

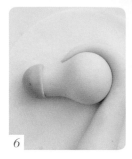

6
將獨角獸的鼻子包起。

C 角

7
取1顆約3克淡紫色麵糰，滾圓後搓成5公分長水滴狀。

D 耳朵

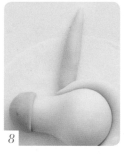

8
將5公分長的水滴狀麵糰置於頭部，尖頭朝上，當成獨角獸頭上的角。

9
取1顆1克的淡紫色麵糰、1顆0.5克深紫色麵糰，滾圓後搓成略細長的葉片狀，將深紫色麵糰疊在淡紫色麵糰上方，略微壓扁，做成耳朵麵糰。

10
用工具將耳朵麵糰做出耳窩狀。

11
耳朵黏貼於獨角與頭部的交接處。

E 眼睛

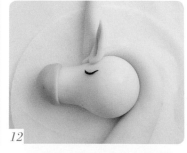

12
取1顆約綠豆大小的黑色麵糰，滾圓後搓成細長條，用牙籤取尖端處約1公分長度，黏貼在臉上，做成獨角獸的眼睛。

TIPS
眼睛線條要略微彎曲，另一端也搓尖才顯得好看。

13
黑色線條搓尖，再以牙籤取尖端處約0.5公分的黑色線段做睫毛，重複這個步驟直至取到4～5段睫毛。

TIPS
睫毛根部以牙籤輕壓，緊密黏合在眼睛上。

58

F 鼻孔　　## G 鬃毛　　　　　　　## H 獨角的裝飾

14

取1顆約綠豆大小的黑色麵糰，滾圓後置於鼻子前端，當作鼻孔。

15

取1顆約10克的深紫色麵糰，滾圓後搓成長條狀，準備做獨角獸的鬃毛。

16

深紫色線條隨意擺放做出飄逸感。

🅣🅘🅟🅢

自交接處做起較為自然。

17

取深紫、淡紫、藍、綠、黃、橘色麵糰各0.5克，滾圓搓長橢圓形後，分別擀平。

18

將擀平的深紫色麵糰斜包於角上層層往上。

🅣🅘🅟🅢

顏色建議：深紫、淡紫、藍、綠、橘、黃色，層層往上疊起。

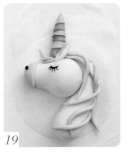

19

獨角獸完成，發酵完成後，入蒸鍋（電鍋）蒸製即可。

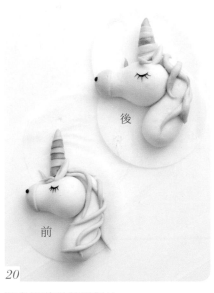

後

前

20

獨角獸蒸前蒸後對比。

美姬老師說故事

希臘神話傳說中的獨角獸

　　獨角獸是傳說中神秘的生物，通常被形容為是修長的白馬，額前有一隻螺旋角。美姬老師特別將牠設計成淡紫色身體上，披著深紫色的鬃毛，螺旋角上則包覆著彩虹的顏色，特別的浪漫。

　　基督教認為獨角獸是耶穌的化身，象徵永恆不變純潔和堅定。

優雅淑女 七星瓢蟲

Ladybugs

世界上有超過 5,000 種的瓢蟲，今天要做的是優雅淑女七星瓢蟲。七星瓢蟲紅紅的背上有 7 個超級可愛的黑點點，我們利用紅麴粉來調出紅色、竹炭粉調出黑色，照著大自然的恩賜設計出最完美的配色。

材料 Ingredient

紅色麵糰約45克
黑色麵糰約20克
白色麵糰約5克
牛奶適量

道具 Baking props

擀麵棍
牙籤
筆刷

教學重點 Point

☑ 調彩色麵糰製作：
　　紅色、黑色
☑ 靈活的六隻大腳
☑ 逗趣的臉部表情
☑ 背上斑點做法

嘴巴 **E**
鼻孔 **D**
眼睛 **C**
頭部 **A**
斑紋 **G**

B 腳
F 觸角

Steps 做法

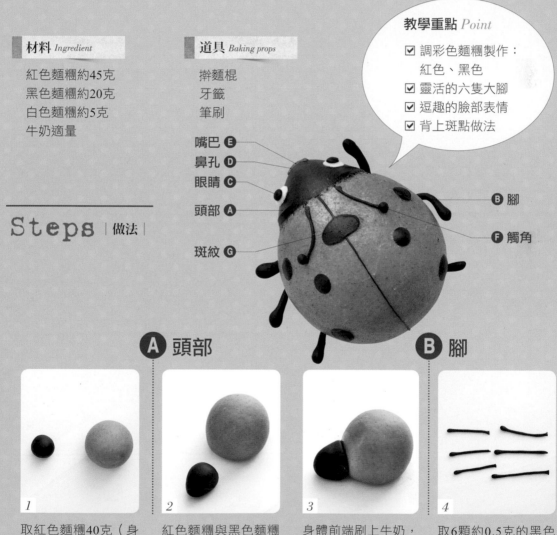

A 頭部

1
取紅色麵糰40克（身體用）、黑色麵糰5克（頭部用），滾圓備用。

2
紅色麵糰與黑色麵糰置於饅頭紙上，將黑色麵糰略微推尖。

3
身體前端刷上牛奶，將頭部和身體的麵糰黏合。

B 腳

4
取6顆約0.5克的黑色麵糰，每一顆都搓成長約5公分的火柴棒狀，準備做成瓢蟲的腳。

61

C 眼睛

5

將腳置於身體下方，前面2根火柴棒頭往前擺，後面4根火柴棒頭往後擺。

6

取2顆黃豆大小的白色麵糰，滾圓後備用。

7

滾圓後的白色麵糰，黏貼在頭部的眼睛處，略微壓扁，當作眼白。

8

取2顆綠豆大小的黑色麵糰，滾圓後備用。

D 鼻孔

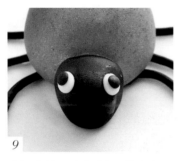

9

滾圓後的黑色麵糰，黏貼在眼白處，略微壓扁，當作眼珠。

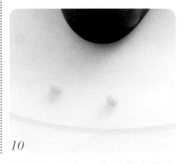

10

取2顆二分之一綠豆大小的白色麵糰，滾圓後備用。

11

將嘴巴刷上牛奶，將滾圓的麵糰黏貼上，當作鼻孔。

E 嘴巴

12

取1顆綠豆大小的紅色麵糰滾圓後，搓成長條，以牙籤取0.5公分的紅色線條當作瓢蟲嘴巴。

13

紅色線條黏在鼻孔下方做微笑狀的嘴巴。

F 觸角

14

取1顆綠豆大小的黑色麵糰滾圓後，搓成長條備用。

15

用牙籤取2根約3.5公分的黑色線條，黏貼於頭部和身體交接處上方，當作瓢蟲觸角。

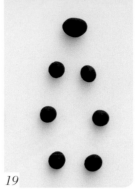 G 斑紋

16

取2顆二分之一綠豆大小的黑色麵糰，滾圓備用。

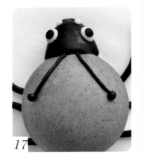

17

將黑色圓球黏在觸角的尾端，不須壓扁，當作觸角頭。

18

取1顆綠豆大小的黑色麵糰滾圓後，搓成細線，以牙籤取約10公分的黑色細線，由頭和身體交接處往身體尾端擺放。

19

取1顆約紅豆大小的黑色麵糰、6顆約綠豆大小黑色麵糰滾圓備用，準備做瓢蟲身上的斑點。

20

在身體刷上牛奶，將黑色麵糰貼上後略微壓扁，大顆的黑色麵糰置於線條上，其餘6顆對稱分佈，七星瓢蟲完成，發酵完成後，入蒸鍋（電鍋）蒸製即可。

後

前

21

七星瓢蟲蒸前蒸後對比。

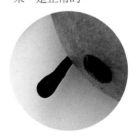

TIPS

瓢蟲的腳蒸後會縮起來，是正常的。

美姬老師說故事

七星瓢蟲，農夫的小幫手

　　在古老的中世紀，英國農夫辛苦種植的農作物，都會被一群群貪吃的害蟲偷吃，結果小朋友就沒得吃，貪吃蟲好多，農夫自己怎麼抓也抓不完，大家都好煩惱，於是他們向天主教的聖母瑪利亞（Our Lady）禱告，希望祂可以把這些專門偷吃別人食物的害蟲消滅。

　　結果，真的出現了紅色身體上有黑色點點的神奇小昆蟲來幫忙。它們把偷吃的害蟲全部吃光光，植物又恢復了原本的生氣，開心的農夫把殲滅害蟲的小昆蟲取名為聖母蟲「Our Lady's Bugs」，因此「Ladybug」及「Ladybird」就成為瓢蟲的名字。

訂做屬於自己的 百花公主

Princess

公主造型是挑戰人偶造型的開端。人物造型和動物造型最大的不同，在於要把握好人偶的五官比例及神韻。這款造型強調眼睛的層次感，共做了四個層次，一層比一層小，堆疊出迷人眼神，大家捏塑的時候務必將麵糰調整好軟硬度，疊好後盡量壓平，否則做起來就不是電眼小公主，而是彈簧眼小公主了。另外，還特別為美麗公主設計了三款花型：玫瑰、桔梗與牡丹。一起花時間，裝扮屬於妳最美的百花公主吧！

材料 Ingredient

膚色麵糰約50克
黃色麵糰約32克
藍色麵糰約1克
黑色麵糰約1克
白色麵糰約1克
紅色麵糰約1克
粉色麵糰約1克
綠色麵糰約2克
淡紫色麵糰約1克
深紫色麵糰約1克
牛奶適量
紅麴粉適量

道具 Baking props

翻糖工具組
擀麵棍
牙籤
筆刷

教學重點 Point

☑ 彩色麵糰製作：粉色、
　淡紫色、深紫色及膚色
☑ 做出水汪汪的大眼睛
☑ 鮮豔欲滴的櫻桃小口
☑ 飄逸長髮 ☑ 卷花立體饅頭

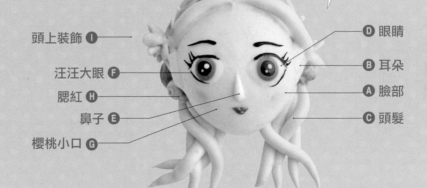

頭上裝飾 **I**
汪汪大眼 **F**
腮紅 **H**
鼻子 **E**
櫻桃小口 **G**

D 眼睛
B 耳朵
A 臉部
C 頭髮

Steps | 做法 |

A 臉部

1 取1顆48克膚色麵糰，滾圓備用。

2 麵糰兩側捏窄，下端捏尖，做出人偶臉型。

B 耳朵

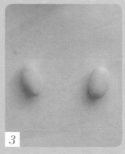

3 取2顆黃豆大小的膚色麵糰，滾圓後搓成橢圓形備用。

4 將橢圓形麵糰黏貼在頭部兩側，下端輕壓做出耳朵形狀。

5

取1顆6克黃色麵糰，滾圓備用。

6

滾圓的黃色麵糰擀成寬約6公分的橢圓形麵皮。

7

橢圓形麵皮橫放，呈現左右寬、上下窄的位置，用工具組將黃色橢圓形麵皮切下兩小塊梭形的麵皮，做出美人尖。

8

臉型膚色麵糰的頭部刷上牛奶，覆蓋上黃色麵皮，多餘的麵皮則包覆在頭部底下，當成公主的頭皮。

TIPS

美人尖的位置剛好在正中央。

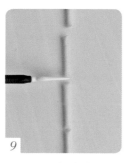

9

取1顆10克的黃色麵糰，滾圓後搓成直徑約0.5公分、長30公分的線條，分成6段，每一段約5公分長。

10

將黃色線條一端搓尖，當成公主的頭髮。

11

頭皮刷上牛奶，由美人尖位置開始，將頭髮黏上，沿著頭皮的弧度，盤於頭部。

TIPS

超過頭部的麵糰切掉不要。

12

麵糰左右平均分配，盤出優美髮型。

13

取1顆15克黃色麵糰，滾圓後搓出直徑約0.5公分黃色長條，分成10公分線段數條，線段兩端搓尖，做成頭髮的樣子，將頭髮黏貼於耳後，擺成彎曲狀。

TIPS

線條盡量自然彎曲，左右邊各 3～4 根。

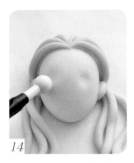

14

利用工具組,在臉上壓出眼窩。

15

取2顆紅豆大小白色麵糰,搓成兩頭略尖的橢圓形。

16

將橢圓形白色麵糰壓於眼窩處,盡量壓扁,並利用工具使其服貼,做成眼白。

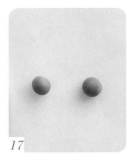

17

取2顆黃豆大小的藍色麵糰,滾圓後備用。

18

滾圓後的藍色麵糰黏貼在眼白上,盡量壓扁,當成眼珠。

19

取2顆綠豆大小的黑色麵糰,滾圓後備用。

20

滾圓後的黑色麵糰黏貼眼珠上方,盡量壓扁,當成瞳孔。

21

取一大一小的小米粒大小白色麵糰各2顆,滾圓後黏貼在瞳孔上方,略微壓扁,當成瞳孔上的亮點,做出水汪汪的感覺。

眼睛製作時,疊好後盡量壓扁,否則等發酵後蒸好,就不是電眼小公主,而是彈簧眼小公主了。

E 鼻子

22

取1顆黃豆大小的膚色麵糰,搓成水滴狀後備用。

23

在臉部刷上牛奶,將水滴狀膚色麵糰置於兩眼中間,當作公主的鼻子。

24

用牙籤在鼻子下方,戳出小小的鼻孔。

TIPS

雖然小小的鼻孔看不出來,但是為求造型完美,建議不要忽略這個小細節。

F 汪汪大眼

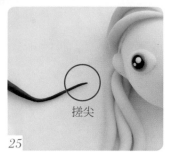

25

取1顆黃豆大小的黑色麵糰，滾圓後搓成尾端略尖長條，用牙籤取出適當的長度後，依順序做出公主的上下眼線、睫毛與眉毛。

TIPS

搓尖

1/2

上眼線做法：
取和眼睛長度接近的黑線條（線條兩頭均須搓尖），沿著眼白上方框線黏貼上去。
下眼線做法：
取長度約上眼線一半的長度，沿著眼白下方框線約二分之一的位置黏貼上去。

睫毛做法：
黑麵糰搓成尾端略尖的長條，用牙籤取一小段尾端，當作眼睫毛，並集中黏貼在上眼線的尾端。重複6次，將兩隻眼睛的眼睫毛都做好。

眉毛做法：
取長度約3公分長的黑線條（線條只需要單邊搓尖），黏在上眼線上方。

G 櫻桃小口

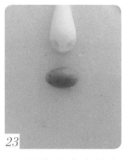

23

取1顆綠豆大小的紅色麵糰，搓成橢圓形，黏貼在臉上。

24

用牙籤做出山形的上唇狀。

25

取1顆比綠豆小的紅色麵糰，搓成橢圓形黏於上唇下方，用牙籤將兩邊略往上推，呈倒三角形狀，做出下嘴唇。

H 腮紅

26

在臉頰用小號水彩筆以轉圈的方式沾上紅麴粉，做臉部的腮紅。

TIPS

紅麴粉沾上一點水比較容易刷上。

I 頭上裝飾

27

用麵糰做出玫瑰花、桔梗花及牡丹花，將花朵裝飾在公主的頭髮上。

TIPS

玫瑰花、桔梗花及牡丹花做法，請見 P122〈美姬老師獨家秘技——捲花立體造型饅頭〉。

28

用綠色麵糰做出葉片裝飾。

TIPS

葉片做法，請見 P122〈美姬老師獨家秘技——捲花立體造型饅頭〉。

68

29

取2顆黃豆大小的淡綠色麵糰，搓成長細線條。

30

將淡綠色長細線條兩端聚集扭轉。

31

裝飾在頭髮上。位置可以依個人喜好擺放。

準備幾顆小米粒大小的白色麵糰，滾圓後裝飾在髮帶上，當作髮帶上的珍珠。

32

33

公主完成，發酵完成後，入蒸鍋（電鍋）蒸製即可。

34

前

後

公主蒸前蒸後對比。

美姬老師回眸出嫁日

美姬老師難忘拜別父母出嫁日

每個女孩都是父母心中那個長不大的小公主。

猶記出嫁時，是內蒙古靄靄積雪的 12 月。

那天陽光是彩色的，我穿著紅色皮靴踩過薄薄積雪，發出嘎茲嘎茲的慶祝聲；一身中國傳統大紅色新娘裝，盤起髮髻插上大朵紅玫瑰，挽著先生的手走入貼滿紅色喜字三合院。

回到家中舉辦傳統結婚典禮，鞭炮聲四起，親友笑到合不攏嘴，傳統習俗新娘腳不落地，500 米以外新郎要先抱起新娘，走進家門。

到了門口新女婿想進門，還得先通過表哥表姊表弟表妹這一關。

好不容易新娘終於抱進門，雙膝跪地感謝父母恩。

父淚流、母嘆息，萬千不捨在其中；淚收起，展笑顏，喜宴交杯醉祝福，轉眼 12載，回眸淚眼伴笑顏，願天下公主與王子都過著幸福快樂的日子。

Part 3
包子

包了餡的饅頭，口感層次更豐富了！
不甜膩的內餡、立體的3D造型，
邊吃邊玩，一個接著一個吃不膩！

千言萬語化祝福 美姬熊

Maggie Bear

美姬熊以生日禮物概念出發，天然低卡的鮮奶麵糰，搭配健康的南瓜粉、紅麴粉，調配出最美味的色澤。白肚皮是畫布，用彩色麵條作畫，再送一頂小禮帽戴在熊熊頭上，壽星收到有自己名字的幸運熊，生日願望一定會實現！

材料 Ingredient

橘色麵糰約140克
粉紫色麵糰約10克
黑色麵糰約3克
藍色麵糰約3克
黃色麵糰約3克
粉紅色麵糰1克
牛奶適量
地瓜餡15克

道具 Baking props

擀麵棍
牙籤
刷子
筆刷

教學重點 Point

☑ 彩色麵糰製作：
　橘色、粉紫色、黑色、藍色
☑ 可愛的領巾
☑ 立體感十足的帽子
☑ 肚子上的裝飾

耳朵 C
帽子 H
臉部 F
領巾 I
肚皮題字 J
B 頭部
D 手臂
A 身體
G 肚子
E 雙腳

Steps | 做法 |

A 身體

1
取2顆50克的A、B橘色麵糰，分別滾圓備用。

2
A橘色麵糰略微擀成直徑約8公分的麵皮，準備做美姬熊身體。

3
將麵皮翻面，加入15克地瓜餡。

4
將地瓜餡包起，收口盡量收緊，包好地瓜餡的收口朝下，滾圓後，將麵糰捏成水滴狀。

B 頭部　　C 耳朵

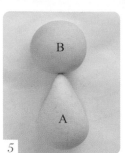

5

取B橘色麵糰，準備做美姬熊頭部。將頭部下方刷上牛奶，將頭部與身體組合。

6

取1顆5克橘色麵糰，滾圓後在掌心搓成圓柱體。

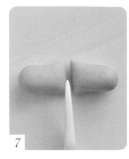

7

將圓柱體的橘色麵糰切成兩半。

8

在美姬熊的頭部上方兩側刷上牛奶，切成兩半的橘色麵糰切口處朝下，黏貼在頭部上方。

TIPS

耳朵不要黏得太高，可以將耳朵略微拉長。

D 手臂

9

取2顆0.5克白色麵糰滾圓，搓成橢圓形，在耳朵上方刷上牛奶，將白色麵糰黏上，輕輕壓扁固定。

10

取2顆5克的橘色麵糰，滾圓後，搓成長度約7.5公分、兩頭略尖的長條狀。

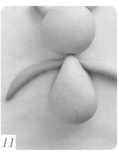

11

美姬熊肩膀處刷上牛奶，將手臂黏上，並將手臂盡量打開。

E 雙腳　　F 臉部

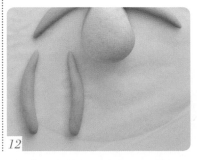

12

取2顆7克的橘色麵糰，滾圓後搓成長度約7.5公分、兩頭略尖的長條狀。

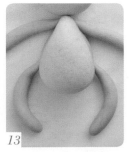

13

在美姬熊肚子側下方刷上牛奶，將兩隻腳黏上，並將腳彎成半圓弧狀。

14

取2.5克白色麵糰滾圓，臉部輕刷牛奶，將白色麵糰黏於鼻子位置，四周輕輕按壓使其服貼臉部，形成3D立體熊鼻子。

TIPS

黏貼上後，在圓形周圍輕按即可，不須將整個鼻子壓扁。

15

取2顆黃豆大小的黑色麵糰滾圓後，黏於鼻子上方兩側的眼睛位置。

16

取1顆綠豆大小的黑色麵糰滾圓後，搓成倒三角形狀，黏在鼻子中央位置，當作鼻頭。

17

取1顆黃豆大小的黑色麵糰滾圓後，搓成長細線條，用牙籤取長度約0.6公分的黑色線條，黏於鼻頭下方，做美姬熊的人中。

18

再取長度約1公分的黑色線條，以半圓弧狀黏在人中下方，做成嘴巴。

19

取2顆紅豆大小的粉紅色麵糰滾圓後，搓成橢圓形，臉頰兩側刷上牛奶，將粉紅色麵糰黏於兩側，略微壓扁。

G 肚子

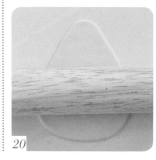

20

取5克白色麵糰，滾圓後，搓成水滴狀，以擀麵棍將麵糰擀成麵皮。

H 帽子

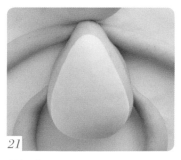

21

美姬熊的肚皮位置輕輕刷上牛奶，將擀平的白色麵皮黏上，輕壓固定。

22

取1顆2.5克粉紅色麵糰滾圓後備用；取1顆3克的粉紅色麵糰滾圓後，略微壓扁成麵皮狀。

23

粉紅色麵皮輕刷上牛奶，將2.5克的粉紅色麵糰搓成圓柱體，直立黏在麵皮之上。

24

在圓柱體麵糰上方，利用工具壓出凹洞，成為一頂帽子。在美姬熊臉部左上角刷上牛奶，將帽子黏在上頭。

25

取1顆2克的黑色麵糰滾圓後，搓成長細線條，準備做帽子裝飾。

26

將黑色長細線條以擀麵棍壓扁，帽圍輕刷上牛奶，用牙籤取長度約5公分的黑色寬線條，在帽圍繞一圈做緞帶。

27

再用牙籤取長度約8公分黑色寬線條，將兩端斜切，準備做帽子的蝴蝶結。

28

兩端線頭尾端交叉，再由上方往下摺，做出蝴蝶結。

29

蝴蝶結用牙籤挑起，黏在帽圍上方。

TIPS

用牙籤略微壓緊，讓蝴蝶結與帽子緊密。

Ⓘ 領巾

30

取1顆5克粉紫色麵糰滾圓後，搓成水滴狀，用擀麵棍將粉紫色麵糰上下擀長、左右擀寬成銀杏葉片形狀的麵皮。

31

麵皮由寬處自上往下捲起至一半，左右略微拉長。

32

將領巾圍在美姬熊脖子處。

J 肚皮題字

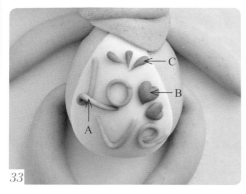

33

34

取3克淡藍色麵糰及3克粉紅色麵糰，分別
滾圓後備用。

A.英文字體做法：

淡藍色麵糰，出淡藍色線條後，分別做出
字母。

B.愛心做法：

取少量粉紅色麵糰2顆，搓成水滴狀，黏
在肚皮上，略微壓扁，再以牙籤在水滴上
方壓出凹痕，最後以手指輕壓，使其固定
在肚皮上。

C.小花紋做法：

取少量粉紅色麵糰3顆，搓成水滴狀，黏
貼在肚皮上，略微壓扁。

TIPS

肚皮上的裝飾，可依自己喜好做變化。白肚皮
是畫布，用彩色麵條作畫，不管是當成生日禮
物、情人節禮物，收到的人一定雀躍不已。

美姬熊完成，發酵完成後，入蒸鍋
（電鍋）蒸製即可。

前

後

35

美姬熊蒸前蒸後對比。

美姬老師小學堂

多一點巧思，饅頭更有趣

這一款美姬熊的造型，最大的特色就是肚皮的題字！

大家可以充分利用這一塊畫布，好好用心設計，做出令人驚豔的禮物。

熊頭部分，讀者也可以運用前面教過的方法，替熊熊的眼睛加上睫毛（做法請見
P44〈黃色小鴨一家親〉的眼睛部分），或是閉眼的設計（做法請見 P58〈如夢似幻獨
角獸〉的眼睛部分），或是亮點的做法（做法請見 P55〈散播歡樂分享愛——聖誕老
公公〉的眼睛部分）；領巾的部分，也可以綴上小白點（做法請見 P45〈黃色小鴨一
家親〉的頭巾部分），還是加上一些花朵（做法請見 P122〈美姬老師獨家秘技——捲
花立體造型饅頭〉），這些都能讓你的美姬熊作品更與眾不同！

現在就動手，做出屬於自己的熊熊吧！

幸運 貓頭鷹家族
Lucky Owl Family

貓頭鷹在很多國家被視為吉祥物，當初設想，如果做一款貓頭鷹造型饅頭，用好吃的黑芝麻粉調出自然色澤，再包入香甜的內餡，將這樣的作品送給朋友，對方一定會愛不釋手。

沒想到製作過程困難重重，先是麵糰的軟硬度，只要略微偏軟，做出來的貓頭鷹一定是大扁頭；再來是頭和身體的組合方式，先組合再蒸，蒸好之後十有八九都倒栽蔥，於是研發出「熟成組合法」，頭部和身體分開蒸熟，熟成後趁熱組合，這樣可避免加熱過程中頭部歪斜掉落的問題。

失敗乃成功之母，研發設計過程中，歷經挫敗，最後得到成功的果實備感甜美。

材料 Ingredient

淺灰色麵糰約90克
深灰色麵糰約11克
黑色麵糰約1克
白色麵糰約1克
黃色麵糰約1克
深橘色麵糰約5克
黑芝麻餡10克
牛奶適量

道具 Baking props

擀麵棍
翻糖工具組
筆刷

教學重點 Point

☑ 彩色麵糰製作：
　　深灰色、淺灰色、黃色、橘色
☑ 立體眉毛做法　☑ 瞇睡眼眼神
☑ 有如真實羽毛的自然灰色麵糰
☑ 3D立體造型組合秘訣

鼻子 **D**
翅膀 **E**
羽毛 **F**

B 眉毛
C 眼睛
G 尾巴
A 身體
H 雙腳

Steps | 做法 |

Ⓐ 身體

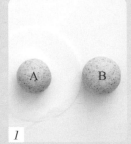

1
取黑芝麻麵糰1顆35克（A）、1顆50克（B），滾圓後備用。

2
將B麵糰擀開成直徑約10公分的圓麵皮，圓麵皮翻面後，包入10克的芝麻餡。

3
包好芝麻餡，收口盡量收緊以免露餡，收口朝下，滾圓後，置於饅頭紙上，用雙手將滾圓的麵糰逐漸推高，略呈蛋形。

4
利用工具將蛋形的麵糰上方，略微凹出一個淺洞，置於一旁備用。

B 眉毛

5

準備2顆1克的淺灰色麵糰,滾圓後搓成水滴狀,在滾圓的A麵糰上方刷上牛奶,將水滴狀麵糰置於上方兩端,黏貼處壓扁。

C 眼睛

6

取2顆約0.5克的白色麵糰,滾圓後黏貼於眼睛位置,略微壓扁,當成貓頭鷹眼白。

7

取2顆黃豆大小的黃色麵糰,滾圓後黏貼在眼白位置上,略微壓扁,當成貓頭鷹眼珠。

TIPS

眼珠的位置,要略微靠近眼白內側,才會顯得靈活。

D 鼻子

8

取2顆綠豆大小的黑色麵糰,滾圓後黏貼在眼珠上,略微壓扁,當成貓頭鷹的瞳孔。

9

取2顆約小米粒大小的白色麵糰,滾圓輕壓在瞳孔上方做成眼睛亮點。

10

取1顆約紅豆大小的橘色麵糰,滾圓後搓成直立的圓錐體,黏貼於兩眼中間,並略微往下凹,形成漂亮的鷹勾鼻。

E 翅膀

11

取2顆3克的深灰色麵糰,滾圓後搓成較長的水滴狀,準備做貓頭鷹的翅膀。

黏貼的高度

12

將水滴狀麵糰略微壓扁,黏貼在步驟4中,身體麵糰凹洞的兩側。

TIPS

翅膀黏貼的位置在麵糰中間略往前一點的位置,黏貼的高度則是在凹洞的邊緣。

F 羽毛

13

取1顆黃豆大小的深灰色麵糰,滾圓後,分成數顆小麵糰,並分別搓成水滴狀,準備做貓頭鷹羽毛。

G 尾巴

14

貓頭鷹胸前刷上牛奶，將羽毛麵糰分別黏上。

TIPS

水滴狀的尖端不要壓下，才有栩栩如生的羽毛狀。

15

取1顆3克的深灰色麵糰，滾圓後搓成水滴狀，將水滴狀麵糰較寬處壓扁。

16

用工具切出兩個三角形，做成貓頭鷹的尾巴狀，將尾巴壓在身體後方。

TIPS

必須切出三角形的形狀，腳才有立體感，尾巴可以做長一點。

H 雙腳

17

取2顆2克的橘色麵糰滾圓後，搓成約3公分長的水滴狀，準備做貓頭鷹的雙腳。

18

用工具將水滴狀麵糰切出兩個三角形，做成腳的樣子。

19

將腳壓在貓頭鷹身體前側下方。

20

貓頭鷹完成，發酵完成後，入蒸鍋（電鍋）蒸製即可。

TIPS

蒸完再將貓頭鷹的頭和身體，以麵糊膠（請見 P46）組合。

後

前

21

貓頭鷹蒸前蒸後對比。

美 姬 老 師 冷 知 識

貓頭鷹，神奇的鳥類

　　貓頭鷹是唯一能夠分辨藍色的鳥類，也是目前發現頭部最能轉動的動物，可以旋轉270度。

　　貓頭鷹的眼球因為太大了，所以沒辦法轉動眼球做眼球操。

　　為了防範天敵，也為了讓眼睛休息，牠可以閉一隻眼睡覺。

　　貓頭鷹的左右耳朵不對稱，這樣能便於判斷老鼠發出聲音的位置。

軟Q內蒙古小綿羊

Mongolian sheep

小綿羊的造型可愛又好玩，全身一顆顆的羊毛球，要靠耐心搓出來。肚裡包入會牽絲的乳酪絲，裡外都趣味橫生。多做幾隻內蒙古小綿羊後，元宵節搓湯圓絕對難不倒你！

材料 *Ingredient*

白色麵糰約62克
膚色麵糰約80克
粉紅色麵糰約5克
巧克力色麵糰約3克
起司餡15克
牛奶適量

道具 *Baking props*

擀麵棍
黏土工具組
牙籤
筆刷

教學重點 *Point*

☑ 調色麵糰製作：膚色、粉紅色
☑ 捲翹的眼睫毛
☑ 露齒大嘴巴
☑ 毛茸茸的綿羊毛

眼睛 **C**
頭部 **A**
鼻子、牙齒 **D**
腮紅 **G**

F 羊毛
E 身體
B 耳朵

Steps ｜做法｜

A 頭部

1
取1顆25克膚色麵糰滾圓後，再滾成蛋型備用，準備當成綿羊頭部。

B 耳朵

2
取2顆1克的膚色麵糰、2顆0.5克粉紅色麵糰，分別滾圓後搓成水滴狀，準備做綿羊耳朵。

3
將粉紅色麵糰疊在膚色麵糰上方，略微壓扁，再將麵糰搓成水滴狀。

TIPS
將耳朵做成水滴狀較為可愛。

4
將耳朵麵糰黏貼在頭部略微後方的位置。

83

C 眼睛

5

取2顆黃豆大小的白色麵糰，滾圓後黏貼在臉部，略微壓扁，當作綿羊眼白。

6

取2顆綠豆大小的咖啡色麵糰，滾圓後黏貼在眼白處，略微壓扁，當作綿羊的眼珠。

7

取2顆小米粒大小的白色麵糰，滾圓後貼在眼珠處，當作眼珠亮點。

8

取1顆黃豆大小的巧克力色麵糰，滾圓後搓出尾端較細的長條，利用牙籤取一小段尾端，準備做綿羊眼睫毛。

9

重複步驟8，將睫毛黏於眼睛周圍，每隻眼睛約黏上3～4根眼睫毛。

TIPS

用牙籤輕壓睫毛根部，睫毛就會翹起嚕！

D 鼻子、牙齒

10

將眼睫毛剩餘的巧克力色麵糰，繼續搓成長條，取中段約1公分，準備做綿羊鼻子。

11

將中段的巧克力色線條在綿羊臉上拼出U字，即是綿羊鼻子。

12

再取約0.5公分巧克力色線條，黏於鼻子下方，當作綿羊人中。

13

取1顆3克的白色麵糰，滾圓後搓成約0.5公分寬的長條，取1.5公分的長度，以小刀畫出等距的範圍，做成牙齒的樣子。

14

將畫好等距的白色麵糰，黏貼於人中下方，當成綿羊的牙齒。

E 身體

15

取1顆50克膚色麵糰，滾圓備用，準備做綿羊身體。

16

將身體麵糰擀平成圓麵片，圓麵片翻面包入15克起士餡。

TIPS

收口要收緊，以免漏餡。

17

收緊的收口向下，將麵糰滾圓，置於大張饅頭紙上。

F 羊毛

18

取1顆60克白色麵糰，滾圓後搓成長條狀。

19

長條的白色麵糰以工具切出數段大小不一的麵糰，準備做綿羊身上的羊毛。

20

綿羊頭刷上牛奶，將大小不一的麵糰揉成圓球，逐一黏於綿羊頭上。

TIPS

整頭都要黏，可以將麵糰疊高，做出頭髮造型。

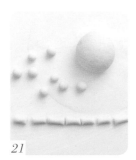

21

取剩餘白色麵糰繼續搓成長條，切出數段大小不一的麵糰，滾圓後準備做綿羊身上的羊毛。

22

身體刷上牛奶，將大小不一的圓球麵糰，黏貼在身體上。

TIPS

注意須將身體留出空白處。

G 腮紅

23

用小號的水彩刷沾上些許紅麴粉，以畫圈的方式在臉上畫出腮紅。

24

蒙古綿羊完成，發酵完成後，入蒸鍋（電鍋）蒸製，出爐放涼後，再以麵糊膠（做法請見P46）塗在身體的空白處，將綿羊頭黏於上方。

後

25

前

蒙古綿羊蒸前蒸後對比。

內蒙古小綿羊，來自我的家鄉

剛到台灣，大家聽到美姬老師標準的捲舌音，總會忍不住問：「妳從哪裡來？」

當聽到是「內蒙古」的時候，大家無不訝異，因為對於台灣來說，內蒙古真的太遙遠了。隨之而來的第二個問題就是：「妳會騎馬嗎？」

「當然會呀！從小我就是騎馬上學、買菜、逛百貨公司呢！」

「開玩笑的啦！」其實內蒙古大部分地區和台灣一樣，有城市、有農村，只有一小部分的牧民過著遊牧生活。

不過內蒙古和台灣在生活環境上確實有很大不同，美姬老師小時候家裡養不少動物：小貓、小狗、小雞、小鴨、騾子、駱駝、小羊等，印象最深的就是小羊，因為家家戶戶都會養幾十或數百隻，小朋友可以親眼看著羊媽媽生出羊寶寶，小羊慢慢地站起來，身上濕漉漉的羊毛逐漸變乾的過程。出生幾天後，小羊就可以抱起來玩了，小羊咩咩叫的聲音，暖暖的羊毛，至今記憶猶新。

在台灣長大的孩子很少有這樣的生活體驗，偶爾去牧場玩，可以用青草餵小羊就開心得不得了，幾年前全家人回內蒙古探親，女兒把小羊抱到車上當寵物玩，好像看到了20年前的自己，生命一代又一代傳承，幸福又奇妙。

大海的旅行者 海龜

Sea Turtle

海龜造型前前後後設計了數個版本：張開眼睛版、垂眼皮版；綠色抹茶版、白色鮮乳版；背上的爆裂紋有手刷可可抹茶粉版、巧克力醬版，每次實驗都有不同的驚喜。讓食物變好玩，好玩的造型成為療鬱身心的食物。

材料 Ingredient

淡綠色麵糰約62克
棕色麵糰約1克
黑色麵糰約1克
紅豆餡10克
牛奶適量
可可粉適量
抹茶粉適量

道具 Baking props

擀麵棍
牙籤
筆刷

教學重點 Point

☑ 麵糰顏色製作：淡綠色
☑ 海龜背上爆裂紋做法
☑ 憨厚的眼神

頭部 **A**
鼻孔 **G**
眼睛 **F**
嘴巴 **H**

I 爆裂紋
B 身體
E 龜殼邊緣
D 後肢
C 前肢

Steps 做法

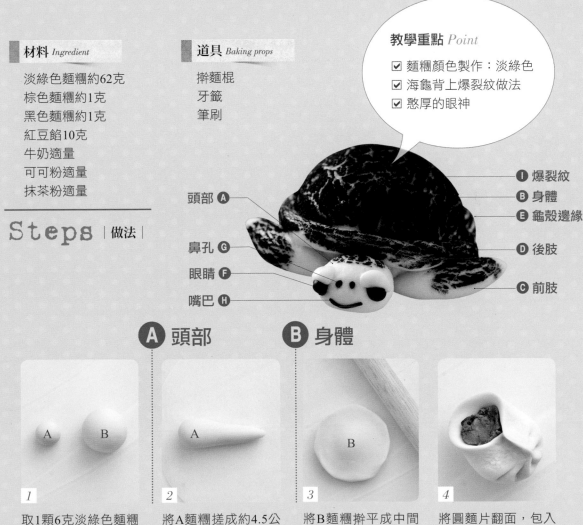

A 頭部

1
取1顆6克淡綠色麵糰（A），1顆35克淡綠色麵糰（B），分別滾圓備用。

2
將A麵糰搓成約4.5公分長的水滴狀備用。

B 身體

3
將B麵糰擀平成中間厚、周圍薄的圓麵片。

4
將圓麵片翻面，包入10克紅豆餡。

C 前肢

5

包緊後，收口向下，滾圓備用。

6

將包好紅豆餡的B麵糰，壓在已搓成水滴狀的A麵糰上。

TIPS
約壓在水滴狀尾端三分之一的位置。

7

取2顆3克的淡綠色麵糰，滾圓後，搓成兩頭略尖的6公分長形，準備做烏龜的前肢。

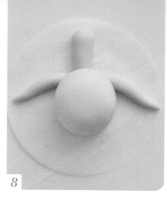

8

前肢置於身體麵糰的前端，兩肢張開略呈八字模樣。

D 後肢

9

取2顆3克的淡綠色麵糰，搓成兩頭略尖的5公分長形，準備做烏龜的後肢。

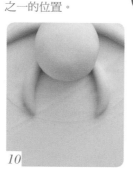

10

後肢置於身體後方，略微彎曲即可。

E 龜殼邊緣

11

取1顆6克淡綠色麵糰，滾圓後，搓成長約15公分的長條狀。

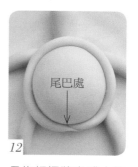

尾巴處

12

長條麵糰將身體由前到後圍起。

TIPS
由尾巴處開始圍起。

F 眼睛

13

取2顆綠豆大小的咖啡色麵糰，滾圓後，準備做海龜眼睛。

14

將滾圓後的咖啡色麵糰，黏在頭部兩旁，略微壓扁。

TIPS
眼睛只要輕輕壓扁就好，才不會失去靈活感。

15

取2顆約一半綠豆大小的黑色麵糰，滾圓後，黏貼在眼睛上方，略微壓扁，當作眼珠。

16

取1顆紅豆大小淡綠色麵糰，滾圓備用，準備做海龜的眼皮。

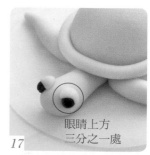

眼睛上方三分之一處

17

將眼皮麵糰切半，分別黏在眼睛上方約三分之一處，當作眼皮。

TIPS
黏貼的位置非常重要，老師測試過，在三分之一處最能顯現出海龜憨厚的眼神。

G 鼻孔

18
取2顆小米粒大小的巧克力色麵糰，滾圓後，黏貼在兩眼中間。

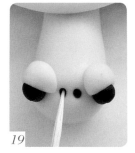

19
用牙籤將2顆巧克力色麵糰往內，推做出海龜鼻孔。

H 嘴巴

20
取1顆約米粒大小的巧克力色麵糰，滾圓後，搓成長約1公分巧克力色線條，準備做海龜嘴巴。

21
將巧克力色線條黏貼在鼻孔下方，並做成向上彎的嘴巴。

I 爆裂紋

22
在身體上方、頭頂、四肢及龜殼四周，用刷子塗上厚且均勻的海龜爆裂紋麵糊。麵糊塗上一定要厚，同時表面要均勻，否則無法做出爆裂紋。

TIPS
爆裂紋麵糊做法
將無糖可可粉10克、水16克、抹茶粉約1克混合均勻即可。若把可可粉和抹茶粉的比例互換，就能做出綠色的爆裂紋效果。

後
前

24
海龜完成，發酵完成後，入蒸鍋（電鍋）蒸製即可，海龜蒸前蒸後對比。

TIPS
換成小號海龜，也很好看！把麵糰的份量減少一點，爆裂紋換個顏色，就可以做出也很可愛的小小海龜！

美 姬 老 師 邀 你 一 起 做 環 保

愛海龜，大家一起來！

　　每年暑假帶孩子們去浮潛，是小朋友最開心的事。每當我們探向海底，不禁感歎海洋世界的瑰麗與美好，幸運的話還可以親眼見到海龜。當我們近距離與海龜共遊時，才會深深感覺，地球不僅僅是屬於人類的，而是所有生物共有的家！近期新聞媒體報導，可愛的海龜因為無法辨別食物的味道，會把垃圾誤為水母吃下肚，因而喪命。大家離開海邊時，一定要記得隨手帶走垃圾，讓我們的下下一代都有機會和海龜同遊，這片海底世界才可以持續美麗下去。

幸福圓滿 刺河豚
Puffer Fish

設計這款造型時，最大的困難點，在於如何讓不同顏色的背部與肚皮一體成型。按照之前的做法，白色麵糰包上橘色麵糰，做起來勢必是背部厚肚子小，與河豚圓滾滾的身形不符，接縫也不夠自然。於是我採用日本和果子的做法，將兩色麵糰組合在一起揉出美好的雙色麵糰，因此如何將白色與橘色麵糰均勻擀開、在包餡滾圓後，平均分配肚子與背部，就是製作這造型的困難處。滾出自然的雙色零接縫麵糰，幸福圓滿轉動於掌心。

材料 *Ingredient*

白色麵糰約30克
橘色麵糰約15克
淡橘色麵糰約5克
黃色麵糰約3克
巧克力色麵糰約5克
芋泥餡10克
牛奶適量

道具 *Baking props*

擀麵棍
翻糖工具組
牙籤
筆刷
美容小剪刀

教學重點 *Point*

☑ 調色麵糰製作：
   橘色、黃色、巧克力色
☑ 雙色麵糰零接縫
☑ 立體感魚鰭
☑ 刺河豚身上刺感

Steps | 做法

眼睛 **C**
嘴巴 **D**
E 裝飾
A 身體
B 魚鰭及尾翼

A 身體

1

取1顆25克白色麵糰、1顆15克橘色麵糰，分別滾圓備用。

2

將白色麵糰搓成長條狀。

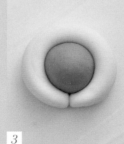

3

長條白色麵糰將橘色麵糰圍起。

4

將兩色麵糰以擀麵棍擀開成雙色圓麵片。

TIPS

白色麵糰必須將橘色麵糰包緊，擀開時才不會鬆開。

5

將雙色圓麵片翻面，放入10克芋頭泥包起。

6

包緊後收口捏緊，略微滾圓。

7

取2顆1克淡橘色麵糰，滾圓後搓成水滴狀，準備做河豚的魚鰭。

8

身體兩側刷上牛奶，將淡橘色水滴麵糰略微壓扁後，黏在身體兩側。

9

取1顆3克淡橘色麵糰，滾圓後搓成水晶滴形，略微壓扁備用，準備做河豚尾巴。

10

水滴狀麵糰以翻糖工具組壓出較深紋路。

11

身體後方尾巴處刷上牛奶，將壓出紋路的水滴狀麵糰直立置於身體後方尾巴處。

12

取2顆1克的白色麵糰滾圓備用，準備做眼白。

13

刺河豚眼睛處刷上牛奶，黏上白色麵糰，略微壓扁。

TIPS

一定要將眼白略微壓扁，否則眼白發酵後，會凸起掉落。

14

取2顆黃豆大小的黃色麵糰，滾圓後，黏在眼白處略微壓扁，當作眼珠。

TIPS

黏的位置要注意，並非在正中央喔！

15

取2顆綠豆大小的巧克力色麵糰，滾圓後，黏在眼珠處略微壓扁，當作瞳孔。

16

取2顆小米粒大小的白色麵糰，滾圓後，在眼睛刷上牛奶，將白色麵糰貼上略微壓扁，當作瞳孔上的亮點。

D 嘴巴

17

取1顆約0.5克黃色麵糰，搓成約3公分長條狀。

18

將長條狀的黃色麵糰做成圓形，在嘴巴處刷上牛奶，將圓形的黃色麵糰黏起，當成嘴巴。

E 裝飾

19

取1顆3克巧克力色麵糰滾圓後，搓成長條狀。

20

長條巧克力色麵糰取數段，做出魚鰭及尾翼上中下的條紋。

TIPS

魚鰭及尾翼刷上牛奶，取一段線條，由一端壓下，沿著魚鰭及尾翼的面積逐一黏上，在結尾的地方，也別忘要壓緊。

21

拿起美容小剪刀，在刺河豚身上及肚子剪刺。

TIPS

不可以剪太深，以免包在內部的芋泥餡會露餡。

22

刺河豚完成，發酵完成後，入蒸鍋（電鍋）蒸製即可。

後

前

23

刺河豚蒸前蒸後對比。

美姬老師說故事

刺河豚，海裡的汽球

　　河豚最有趣的地方，在於受到威脅時會鼓起身體，還能發出「咕咕」的聲音，非常可愛！

　　古代最偉大的美食家詩人蘇軾在《惠崇春江晚景》曾寫到：「竹外桃花三兩枝，春江水暖鴨先知。蔞蒿滿地蘆芽短，正是河豚欲上時。」這首逍遙自在的七言絕句，寫的便是春天最好吃的竹筍、肥鴨、野菜與河豚，其中唯獨河豚是我們平常吃不到的，因為河豚的內臟、肌肉、血液、皮膚等等不同部位都會有毒。這款天然又包了好吃的芋泥餡的河豚造型包，卻可以讓我們盡情地大快朵頤。

南極小玩童 企鵝

Penguin

這是一款充滿冬日氣息造型，製作時請在竹炭麵糰中加入少量黑芝麻粉，讓麵糰既有香氣又有營養。橘色嘴巴和腳掌是這款造型的亮點，利用南瓜粉加入少量紅麴粉，細細調出活潑的顏色，小企鵝躍躍欲「跳」！

教學重點 Point

☑ 彩色麵糰製作：
　橘色、紅色
☑ 活靈活現的大眼睛
☑ 扁扁的企鵝嘴巴
☑ 圍巾做法

材料 Ingredient

黑色麵糰約56克
白色麵糰約5克
橘色麵糰約3克
紅色麵糰約2克
黑芝麻內餡10克
牛奶適量

道具 Baking props

擀麵棍
牙籤
筆刷
翻糖工具組

眼睛 **D**　　　　　**A** 頭部
　　　　　　　　　E 嘴巴
翅膀 **C**　　　　　**H** 圍巾
身體 **B**
肚子 **F**
　　　　　　　　　G 雙腳

Steps |做法|

A 頭部　　　　　　　B 身體　　C 翅膀

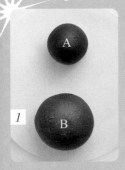

1　取1顆約13克黑芝麻麵糰（A）、1顆約35克黑芝麻麵糰（B），滾圓備用。

2　將35克的B黑芝麻麵糰擀平，翻面包入10克芝麻餡。

3　收口收緊防止漏餡，並將收口朝下滾圓，成為頭部麵糰。

4　將13克身體用的黑芝麻麵糰搓成水滴狀，置於頭部麵糰下方。

5　取2顆3克的黑色麵糰，滾圓備用。

D 眼睛

6

黑色麵糰搓成兩頭略尖的條狀麵糰，準備做企鵝翅膀。

7

身體與頭部相接的肩膀處刷上牛奶，將翅膀黏上。

8

取2顆黃豆大小的白色麵糰，滾圓黏在頭部，略微壓扁，當作企鵝眼白。

9

取2顆約綠豆大小的黑色麵糰，滾圓略微壓扁，黏在眼白上方當瞳孔。

E 嘴巴

10

取1顆約0.5克橘色麵糰，滾成橢圓形，準備做企鵝嘴巴。

11

把橘色橢圓形麵糰黏在嘴巴處位置，捏成上扁下圓的碟子狀企鵝嘴型。

F 肚子

12

取1顆約4克的白色麵糰搓成水滴狀。

13

將水滴狀白色麵糰擀開。

G 雙腳

14

黏貼在身體上當成肚子。

15

取2顆1克的橘色麵糰搓成水滴狀。

16

用工具在水滴下方切兩刀成企鵝腳形。

17

黏貼於身體下方，成為企鵝的雙腳。

18

取1顆2克紅色麵糰，搓成
長約10公分長條狀，準備
做企鵝圍巾。

19

將紅色長條麵糰擀平。

20

擀平的長條麵糰一端做成
圍巾鬚狀。

21

將圍巾圍在脖子上。

22

多餘的線段塞在脖子後
方。

23

企鵝完成，發酵完成後，
入蒸鍋（電鍋）蒸製即
可。

24

企鵝蒸前蒸
後對比。

後

前

美 姬 老 師 聊 夫 妻

企鵝，最長情的動物！

　　距離 2000 多公里以上，年紀相差 7 歲的兩個人想要在地球上遇見，真的需要緣分！

　　若不是當初的 0.1 秒相遇，就不會有今天的故事。和先生攜手走過 14 年深深有感，相
愛容易，相處卻需要努力，婚姻經營非易事，兩岸婚姻更是倍加挑戰，南北方在飲食、生活、
習俗上都大有不同，謝謝先生一路的包容，總是靠耐心與愛陪伴我成長。

　　尤其是我的工作需要長時間外出，先生的支持就更為重要了。做好自己的工作同時，
還要幫忙照顧兩個孩子、協助我的工作，真的很感恩上帝賜給我的生命另一半。

　　企鵝實行一夫一妻制度，在牠們的一生中，雄性和雌性的恩愛可能會保持一生，當一
方死去後，另一方會痛不欲生，有的甚至會殉情。如果一隻企鵝的配偶死掉了，牠會守候
一年的時間，第二年再去找其他企鵝。作為 6.5 歲的平均壽命，等候一年是非常不容易的。

　　夫妻應像企鵝一樣，一起面對生命的嚴寒，專心愛著另一半，用心攜手養育下一代。

淘氣棕色 小浣熊

Raccoon

想要設計一款從頭到尾充滿巧克力香氣的造型，可愛的小浣熊理所當然被選為主角。這款造型根據可可粉量的多寡，調出不同深度的巧克力色。同屬棕色調，但不同的明度，可以巧妙表達出作品的層次感，濃情蜜意盡在其中！

教學重點 *Point*

☑ 調色麵糰製作：
　　淡巧克力色、深巧克力
☑ 活靈活現的大眼睛
☑ 逗趣十足的嘴巴
☑ 浣熊尾巴斑紋做法

材料 *Ingredient*

淡巧克力色麵糰約100克
深巧克力色麵糰約7克
白色麵糰約4克
黑色麵糰約1克
紅豆餡15克
牛奶適量

道具 *Baking props*

擀麵棍
牙籤
筆刷

身體 Ⓐ
耳朵 Ⓑ
Ⓒ 尾巴
Ⓕ 尾巴斑紋
臉部 Ⓓ
Ⓔ 鬍子

Steps |做法|

Ⓐ 身體

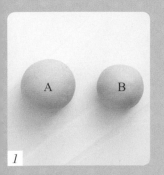

1
取1顆48克淡巧克力色麵糰（A）、1顆30克淡巧克力色麵糰（B），滾圓備用。

2
將A麵糰擀平呈圓麵皮，圓麵皮翻面後，包入15克紅豆餡。

3
將餡料包起，收口收緊以免漏餡。收口向下，滾圓後滾成水滴狀，置於大張饅頭紙上。

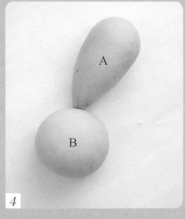

4
將A麵糰與B麵糰結合，將A麵糰略微彎曲。

B 耳朵

5

取1顆2克淡巧克力色麵糰、1顆1克深巧克力色麵糰，分別滾圓後搓成梭形。

6

將深巧克力色麵糰疊在淡巧克力色麵糰上方，略微壓扁。用工具將雙色麵糰切半，黏在頭部上方，做成浣熊耳朵。

TIPS

耳朵略微往外打開，較為可愛。

7

準備2顆3克淡巧克力色麵糰，滾圓後，搓成約6公分的梭形，黏貼在頭部兩旁，當作前腳。

TIPS

黏的位置在耳朵正下方，並將前腳略微彎曲。

8

取2顆4克淡巧克力色麵糰，滾圓後，搓成約6公分長的水滴狀，黏貼在身體後方的位置，略成彎狀，當作後腳。

C 尾巴   # D 臉部

9

取1顆8克淡巧克力色麵糰，滾圓後，搓成水滴狀，略微壓扁，黏貼在身體後方，當作尾巴。

10

取2顆1克的深巧克力色麵糰，滾圓後，略微搓成上細下粗的柱體。

11

將2個柱體麵糰黏貼在臉上後壓扁。

TIPS

黏貼的位置呈八字形。

12

取1顆2克的白色麵糰，滾圓後，按壓在臉部中央位置，準備做嘴巴附近斑紋。

13

取2顆紅豆大小的白色麵糰，滾圓後黏在黑眼圈上方，略微壓扁，當成眼白。

TIPS

黏貼的位置要在黑眼圈上方，更顯靈活。

14

取2顆綠豆大小的黑色麵糰，滾圓後，黏貼在眼白上，當作眼珠。

15

取1顆黃豆大小的黑色麵糰，滾圓後，搓成橢圓形，直立黏貼於鼻子處。

TIPS

黏貼的位置為12點鐘的位置。

16

取1顆綠豆大小深咖啡色麵糰，滾圓後，黏貼於步驟15的白色斑紋處正中央位置，做成嘴巴。

E 鬍子

17

利用工具，將嘴巴戳出一個小洞，做出可愛小嘴巴樣。

18

取2顆約小米粒大小的白色麵糰，滾圓後黏在眼珠處，當作眼珠亮點。

19

取1顆3克的白色麵糰，搓出尾端較細的白色線條，用牙籤取一長段尾端，準備做浣熊的鬍子。

20

重複步驟19約6次，做出左右各3根的鬍子。

F 尾巴斑紋

21

取1顆3克深巧克力色麵糰，滾圓後，搓成線條。

22

以擀麵棍擀平後，每3.5公分切成有寬有窄的線條，當成尾巴上面的斑紋。

23

線條以寬窄間隔黏貼於尾巴上。

後

前

24

浣熊完成，發酵完成後，入蒸鍋（電鍋）蒸製即可。浣熊蒸前蒸後對比。

美 姬 老 師 説 故 事

小浣熊，本身分身不易分

　　會不會有很多人和美姬老師一樣，狸貓、狸花貓、浣熊、小熊貓（火狐）傻傻分不清楚？

　　在做這款造型的時候，認真研究了這四種動物，牠們的外型很接近，唯一的差別是在尾巴。狸貓的尾巴沒有環狀的條紋；狸花貓的尾巴是細長條狀，有較細的環狀條紋；浣熊的尾巴則較狸花貓來得粗，有較寬的環狀花紋；而有火狐之稱的小熊貓，則是紅褐色的尾巴上有環狀條紋。

　　大家分出來了嗎？

Part4
刈包

乳牛有寬寬大大的嘴巴，
河馬有豐厚的嘴唇，
鱷魚有凸凸的眉骨，
可愛造型刈包，讓人愛不釋手。

超療癒超萌 乳牛
Dairy Cattle

利用白色麵糰做潔白乳牛、灰色麵糰調出牛角、黑色小麵糰裝飾斑紋，擀麵棍擀出粉嫩寬大的嘴唇，迷人櫻桃小口、愛戀玫瑰花，最適合的夾心內餡就是對妳滿滿的愛。

教學重點 Point

- ☑ 彩色麵糰製作：粉紅色
- ☑ 乳牛上斑紋
- ☑ 鮮豔欲滴的櫻桃小口
- ☑ 神氣的牛角
- ☑ 刈包皮製作秘訣

材料 Ingredient

白色麵糰約 55 克
黑色麵糰約 2 克
粉紅色麵糰約 5 克
紅色麵糰約 2 克
牛奶適量
紅麴粉適量
橄欖油適量

道具 Baking props

擀麵棍
牙籤
筆刷
翻糖工具組

牛角 **H**
B 耳朵
臉上斑紋 **D**
A 刈包皮
眼睛 **E**
C 嘴部
鼻子 **G**
F 嘴部裝飾

Steps 做法

A 刈包皮

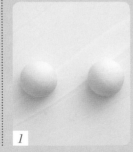

1

取 2 顆 25 克白色麵糰滾圓備用。

2

麵糰一半由左右擀平。

3

麵糰另一半由上下擀寬。

4

完成上窄（臉部）下寬（嘴巴）的不倒翁形狀的 A、B 兩片麵皮。

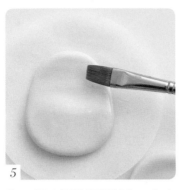

5

將 A 麵皮置於饅頭紙上，上方 1 公分處刷上牛奶，其餘部分刷上橄欖油。

TIPS

橄欖油不要太多。

6

將 A、B 兩片麵片組合。

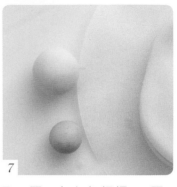

7

取 1 顆 3 克白色麵糰、1 顆 1 克粉紅色麵糰，滾圓備用。

8

白色與粉紅色麵糰，搓成梭形。

9

將粉紅色梭形麵糰置於白色梭形麵糰上方，略微壓平。

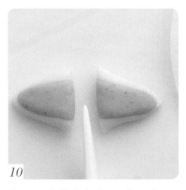

10

將壓平的雙色麵糰切成兩半。

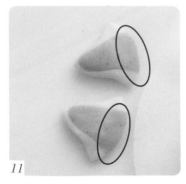

11

下端略微捏扁。

12

並將下方兩端捲起，捏緊做出有皺摺的耳朵。

13

將耳朵塞入已結合的 A、B 麵皮臉部位置的兩端。

C 嘴部

14
取 1 顆 3 克的粉紅色麵糰,滾圓後,搓成橢圓形備用。

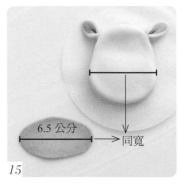

15
將橢圓形麵糰擀成約 6.5 公分寬的麵皮。

6.5 公分 → 同寬

TIPS

麵皮的寬度須與 A、B 麵皮最寬處(嘴巴)同寬,以利包覆。

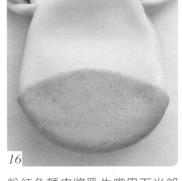

16
粉紅色麵皮將乳牛嘴巴下半部包起。

D 臉上斑紋

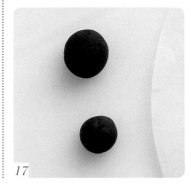

17
準備 1 顆 1 克、1 顆 0.5 克的黑色麵糰,滾圓備用。

18
將黑色麵糰擀成不規則的形狀,做乳牛臉部的斑紋。

19
乳牛的臉部刷上牛奶,將一大一小的黑色麵皮裝飾在眼睛附近。

E 眼睛

20
取 2 顆紅豆大小的白色麵糰,滾圓後,黏貼在臉部略微壓平,當作乳牛眼白。

21
取 2 顆綠豆大小的黑色麵糰,滾圓後,黏貼在眼白上,略微壓平,當作眼珠。

22
取 1 顆紅豆大小的黑色麵糰,搓出尾端略尖的長細線條。

23

24

25

以牙籤取出一小段尾端，黏貼在眼白四周，並以牙籤在根部施力，做出捲翹睫毛。

TIPS

即使眼睫毛與臉上斑紋都是黑色，看不太出來，但建議不要忽略這個細節，這樣才能讓作品更完美。

取 2 顆小米粒大小的白色麵糰，滾圓後，黏貼眼珠上方，當作眼珠亮點。

取 1 顆黃豆大小的紅色麵糰，滾圓後黏貼在乳牛粉紅色麵皮中央處，用牙籤壓出愛心形狀，做出乳牛嘴巴。

F 嘴部裝飾

26

27

28

取 2 顆綠豆大小的紅色麵糰，滾圓後，置於嘴巴左右位置，準備做乳牛的鼻孔。

用牙籤戳出小洞做出鼻孔。

取 1 顆約米粒大小的黑色麵糰，搓成一條長約 1.5 公分的黑色線條，兩頭搓尖，黏在愛心嘴巴的上方，兩端略微推高，做出微笑形狀。

H 牛角

29

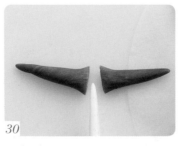

30

31

取 1.5 克深灰色麵糰，搓成兩頭尖的深灰色線條。

將深灰色線條對切，成兩根牛角。

牛角塞在耳朵旁邊，牛角微微往內彎，做出自然彎曲的牛角效果。

32 做出玫瑰花與葉子，裝飾在乳牛頭的上方。

TIPS
玫瑰花與葉子做法請見 P122〈美姬老師獨家秘技──捲花立體造型饅頭〉。

33 在臉頰用小號水彩筆以轉圈的方式沾上紅麴粉，做臉部的腮紅。

後

前

34 乳牛刈包完成，發酵完成後，入蒸鍋（電鍋）蒸製即可。乳牛蒸前蒸後對比。

美姬老師說故事

乳牛，超級大「胃」王

乳牛究竟有幾個胃？

乳牛是名副其實的大胃王，牠的胃共分為四個，第一個胃是瘤胃 (rumen)，也是最大的胃，吃火鍋常見的毛肚就是它；第二個胃是蜂巢胃 (reticulum)，也就是常見的滷牛肚；第三個胃是重瓣胃 (omasum)，熱炒店的牛百頁就是它了；第四個就是皺胃（abomasum），也叫真胃，是最具消化吸收營養功能的胃。

每次蒸熟一鍋熱騰騰的立體造型饅頭，也好希望自己有四個胃哦！

張開大嘴唱歌的 河馬

hippopotamus

黑芝麻粉和紫地瓜粉按適當比例搭配，是美姬老師的獨家雙色調色法，將河馬的膚色襯托得更為特別。一雙略捲又挺的耳朵，兩顆小小的牙齒，真的是超級卡哇伊！

教學重點 *Point*

☑ 彩色麵糰製作：
　　紫灰色、粉紅色、深紫灰色
☑ 刈包皮製作秘訣
☑ 立體耳朵做法
☑ 擁有翹睫毛的方法
☑ 立體蝴蝶結的製作

材料 *Ingredient*

紫灰色麵糰 56 克
白色麵糰約 1 克
黑色麵糰約 2 克
紫色麵糰約 3 克
粉紅色麵糰約 1 克
牛奶適量
橄欖油適量

道具 *Baking props*

擀麵棍
牙籤
筆刷
翻糖工具組

F 蝴蝶結

A 刈包皮

E 腮紅

C 鼻子

耳朵 **B**

眼睛及門牙 **D**

Steps 做法

A 刈包皮

1

取 2 顆 25 克的紫灰色麵糰滾圓備用。

2

麵糰右邊保留約 1 公分（即擀麵棍放在麵糰三分之一的位置），擀麵棍往左邊擀起。

3

擀麵棍改變方向，將麵糰由上至下擀開（連同之前未擀開的 1 公分），呈現出右邊（前端）略高，左邊（後端）低的拖鞋狀麵皮。

4

重複步驟 2 ～ 3，將另一顆紫灰色麵糰做同樣處理，做成 A、B 兩片相同麵皮。

113

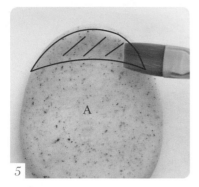

5

將 A 麵皮放在饅頭紙，在麵皮較窄處刷上約一指寬的牛奶。

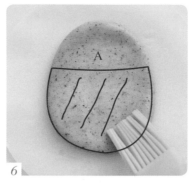

6

其餘部分刷上橄欖油。

TIPS

蒸過後，兩個麵皮可以分開不會黏在一起。但請注意橄欖油不要太厚。

7

將 B 麵皮覆蓋上來。

Ⓑ 耳朵

8

取 1 顆 3 克紫灰色麵糰、1 顆 1 克粉紅色麵糰，分別滾圓備用。

9

將紫灰色麵糰與粉紅色麵糰分別搓成梭形。

10

將粉紅色麵糰疊在紫灰色麵糰上方，以擀麵棍擀平。

11

將擀平的雙色麵糰切成兩半。

Ⓒ 鼻子

12

切成兩半的雙色麵糰，切面上下兩端捏緊，做出耳朵形狀。

13

將做好的耳朵塞在兩片麵皮中間夾縫處。

TIPS

耳朵擺放的位置，要在臉部上方一點，同時耳朵盡量塞緊以免蒸時脫落。

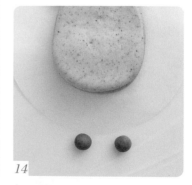

14

取 2 顆 1 克深紫灰色麵糰，滾圓備用，準備做河馬鼻子。

TIPS

原本紫灰色麵糰加入黑色麵糰，即為深紫灰色麵糰。

15

將深紫灰色麵糰搓成水滴狀，放在臉部前端兩側，角度盡量打開。

16

利用工具組壓出河馬的鼻孔。

TIPS

盡量壓深一點，蒸出時才會明顯。

TIPS

這個工具很好用！
想要做出栩栩如生的河馬鼻子，
一定得利用翻糖工具組的這隻。

Ⓥ 眼睛及門牙

17

取 2 顆黃豆大小的白色麵糰，滾圓備用，準備做河馬眼睛。

18

將滾圓的白色麵糰，放在臉部麵皮三分之一的位置，輕壓固定。

19

取 1 顆黃豆大小的白色麵糰，滾圓後搓成白色長條，以工具自長條中段切出兩個正方形，準備做河馬門牙。

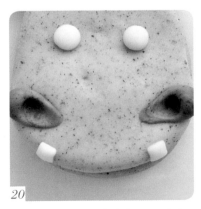

20

將門牙放在鼻孔下方輕壓固定。

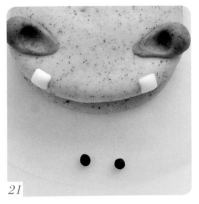

21

取 2 顆綠豆大小的黑色麵糰，滾圓備用，準備做河馬眼珠。

22

將眼白刷上牛奶，把眼珠黏貼在眼白上，輕壓固定。

23

取 1 顆黃豆大小的黑色麵糰，滾圓後搓出尾端較細的黑色線條，用牙籤取一小段尾端，準備做河馬眼睫毛。

24

將睫毛黏在眼白下方，用牙籤輕壓根部，睫毛就會翹起來。重複將黑色線條搓尖，取尾端的步驟 6 次，讓雙眼每一邊擁有 3 根既翹又迷人的眼睫毛。

25

再取兩根較短的線條，做河馬的眉毛，置於睫毛的上方。

Ｅ 腮紅

26

取 2 顆黃豆大小的粉紅色麵糰，搓成橢圓形備用，準備做河馬的腮紅。

27

將粉紅色麵糰黏貼於河馬的兩頰，略微壓扁，當作腮紅。

 TIPS

腮紅不須壓得太扁。

Ｆ 蝴蝶結

28

取 1 顆 1.5 克紫色麵糰，滾圓備用，準備做蝴蝶結。

29

滾圓的紫色麵糰，搓成中間略細的長條。

30

中間略細的長條，兩頭略微壓扁，黏在頭部側上方。

31

取 1 顆綠豆大小的紫色麵糰，滾圓後搓成長條，以牙籤取中段略壓平，準備做蝴蝶結的中間節。

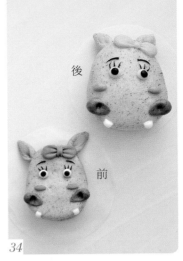

32

蝴蝶結的中間節用牙籤將線段往內壓緊。

33

用牙籤將蝴蝶結兩端做出皺褶。

34

河馬完成，發酵完成後，入蒸鍋（電鍋）蒸製即可。河馬蒸前蒸後對比。

TIPS

省略眼睫毛、蝴蝶結，就成為公河馬囉！

美姬老師說故事

河馬，嘴巴有多大？

　　河馬看起來憨厚老實，又帶點滑稽的模樣，是許多人喜愛的動物之一。

　　嘴型是向上彎曲的一道孤線，感覺像是好好先生，又好像老是在微笑。

　　但等到牠打個「大呵欠」時，就會讓人嚇一大跳，嘴巴上顎越來越開、越來越開，最後可以舉得比頭還要高，角度可達「180度」喔！就像是劈腿般，但河馬可是劈嘴巴哩！

　　河馬的主要食物是水中植物，牠的大嘴，能夠快速地把水中漂來漂去的植物掃入嘴中，有「水中吸塵器」之稱。

　　看到沒？河馬的嘴巴有二對暴牙，更增加牠的滑稽感，但這兩對暴牙可是能將長在水底的植物連根拔起的利器，嘴巴內還有二排細牙，則可以把植物嚼碎哦！

咬人或被咬的可愛 鱷魚

Crocodile

凸凸的眉骨、大大的鼻孔、紅紅的大嘴，凸顯鱷魚既凶狠又可愛的表情。突破傳統兩片麵皮的組合法，讓造型更生動，不論是夾果醬、荷包蛋或是滷肉，都讓人忍不住想痛快地一口咬下！

教學重點 Point

☑ 彩色麵糰製作：綠色、紅色
☑ 刈包皮製作秘訣
☑ 立體鼻子做法
☑ 靈活的眼睛
☑ 牙齒的做法

材料 Ingredient

綠色麵糰約 55 克
白色麵糰約 5 克
黑色麵糰約 1 克
黃色麵糰約 1 克
紅色麵糰約 5 克
棕色麵糰約 1 克
灰色麵糰約 1 克
牛奶適量
橄欖油適量

道具 Baking props

擀麵棍
牙籤
筆刷
翻糖工具組

眉毛 **E**
眼睛 **D**
刈包 B 麵皮 **C**
鼻子 **F**
A 刈包 A 麵皮
B 牙齒

Steps | 做法 |

A 刈包 A 麵皮

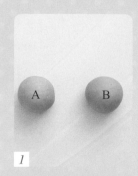

1
取 2 顆 25 克 A、B 綠色麵糰，分別滾圓備用。

2
將 A 綠色麵糰滾成長約 7 公分的橢圓形。

3
取 1 顆 5 克的紅色麵糰，滾圓備用。

4
將紅色麵糰擀成長約 6 公分的橢圓形麵皮，黏貼在綠色的橢圓形麵皮上，當作鱷魚的舌頭。

TIPS
紅色麵皮須略小於綠色麵皮。

119

B 牙齒

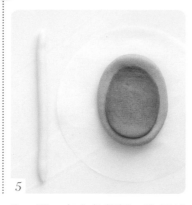

5 取 1 顆 4 克白色麵糰，滾圓後搓成長約 12 公分的條狀。

6 用小刀將白色長條麵糰切出長方形的切痕，準備做鱷魚的牙齒。

7 將牙齒麵糰黏貼在舌頭上方，呈缺口朝上的馬蹄形。

C 刈包 B 麵皮

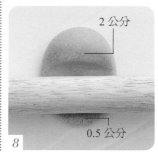

2 公分

0.5 公分

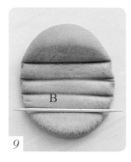

B

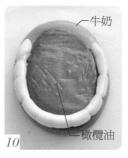

牛奶

橄欖油

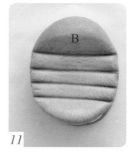

B

8 將 B 綠色麵糰擀開，保留下方 0.5 公分、上方 2 公分不擀，擀成長約 7 公分的橢圓形麵皮。

9 用牙籤將 B 麵皮壓出凹痕。

10 將 A 麵皮上端一指寬刷上牛奶，將紅色麵皮刷上橄欖油。

11 將鱷魚 B 麵皮覆蓋在 A 麵皮上方。

D 眼睛

12 取 2 顆比紅豆略大的白色麵糰，搓成橢圓形，黏貼在上層麵皮高處，略微壓扁，當成眼白。

13 取 2 顆黃豆大小的黃色麵糰，滾圓後，黏貼在眼白處，略微壓扁，當成鱷魚眼珠。

14 取 2 顆綠豆大小的黑色麵糰，滾圓後，黏貼在黃色麵糰上，略微壓扁，當成鱷魚眼睛的瞳孔。

15 取 2 顆小米粒大小的白色麵糰，滾圓後黏貼在瞳孔上方，略微壓扁，當成鱷魚瞳孔上的亮點。

E 眉毛

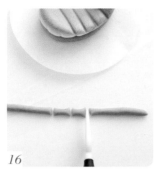

16

取 1 顆 5 克綠色麵糰，滾圓後搓成長條，用工具取出 2 條 1 公分長度線條，準備做鱷魚眉毛。

17

眉毛以倒八字方式黏貼在眼睛上方，才能顯出鱷魚凶狠模樣。

F 鼻子

18

取 1 顆 3 克綠色麵糰，滾圓後，搓成約 2 公分的長條狀，中間略微搓細，準備做鱷魚鼻子。

19

將鱷魚鼻子黏貼於 B 麵皮上。

20

取 2 顆黃豆大小的巧克力色麵糰，滾圓後，搓成水滴狀，黏貼在鼻子前端。

21

用工具壓出小洞，做出鱷魚鼻孔。

22

鱷魚完成，發酵完成後，入蒸鍋（電鍋）蒸製即可。

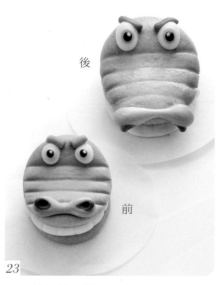

後

前

23

鱷魚蒸前蒸後對比。

美姬老師說故事

鱷魚，換我們大口咬下

鱷魚咬人玩具大家玩過嗎？一隻綠色鱷魚張開牠的血盆大口露出白白的尖牙，每按下一顆都心驚膽跳，生怕被咬下去，一家人圍著這隻玩具，尖叫聲連連，被咬到的人無不哇哇大叫，這款鱷魚造型的刈包終於可以換我們咬回去了！

美姬老師獨家秘技
捲花立體造型饅頭

迷人又流行的韓國裱花，美姬老師也能用健康低熱量的中式麵糰，做出栩栩如生的花朵饅頭，只要掌握幾個重點，調配出自己喜歡的顏色，你就可以自己做出令人羨慕的捲花立體造型饅頭。（編註：以下幾款花朵的做法，顏色可以多彩多姿，讀者可自行調配出自己喜歡的花朵顏色。）

葉片	玫瑰花

材料 *Ingredient*

綠色麵糰適量

Steps ｜做法｜

1
準備幾個水滴狀的綠色麵糰。

2
用牙籤將水滴狀麵糰壓出壓痕，做出葉片狀。

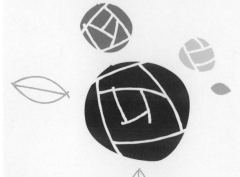

材料 *Ingredient*

紅色麵糰適量
粉紅色麵糰適量

Steps ｜做法｜

1
取一小塊紅色麵糰搓成粗細不一的長條線。

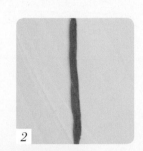

2
將長條線擀平。

3
以上下起伏的波浪狀，將其捲起，呈現自然的花瓣狀。

4
玫瑰花完成。

桔梗花

材料 Ingredient

深淺紫色麵糰適量

Steps |做法|

1

準備淡紫色、深紫色麵糰,搓成粗細不同的長條,兩者相疊。

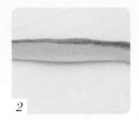

2

用擀麵棍將麵糰擀開。

3

用工具刀切出大小不一的方塊。

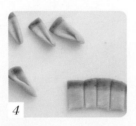

4

淡紫色部分收緊,呈現花瓣狀。

5

將花瓣底部結合在一起,呈現完整的桔梗花朵。

牡丹花

材料 Ingredient

深淺紫色麵糰適量
黃色麵糰適量

Steps |做法|

1

準備淡紫色、深紫色麵糰,搓成粗細不同的長條,兩者相疊。

2

相疊的長條麵糰搓揉在一起,用工具刀切出大小不一的方形麵糰塊。

3

方形麵糰塊滾圓後,搓成大小不一的水滴狀麵糰。

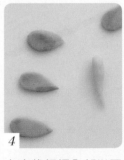

4

水滴狀麵糰全部擀平備用。並取一小塊黃色麵糰,搓成水滴狀當成花蕊。

5

以花蕊為中心,捏著下方,逐一將花瓣黏起。

6

捏出小花後,用牙籤在花蕊上方刺出小洞,牡丹花完成。

國家圖書館出版品預行編目

卡哇伊 3D 立體造型饅頭：美姬老師私傳秘技，
饅頭造型全面升級！/ 王美姬著 . -- 初版 . -- 臺北
市：朱雀文化，2017.01

　　面；　公分 . -- (Cook50；157)

　ISBN 978-986-93863-5-7(平裝)

　1. 點心食譜 2. 饅頭

　427.16 105023385

Cook50 157

卡哇伊 3D 立體造型饅頭

美姬老師私傳秘技，饅頭造型全面升級！

作者	王美姬
攝影	周禎和
封面設計	鄧琨
內頁設計	一丸
編輯	劉曉甄
行銷企劃	石欣平
企畫統籌	李橘
總編輯	莫少閒
出版者	朱雀文化事業有限公司
地址	台北市基隆路二段 13-1 號 3 樓
電話	（02）2345-3868
傳真	（02）2345-3828
劃撥帳號	19234566 朱雀文化事業有限公司
e-mail	redbook@ms26.hinet.net
網址	http://redbook.com.tw
總經銷	大和書報圖書股份有限公司（02）8990-2588
ISBN	978-986-93863-5-7
初版四刷	2019.06
定價	380 元
出版登記	北市業字第 1403 號

About 買書：

●朱雀文化圖書在北中南各書店及誠品、金石堂、何嘉仁等連鎖書店均有販售，如欲購買本公司圖書，建議你直接詢問書店店員。如果書店已售完，請撥本公司電話（02）2345-386。

●●至朱雀文化網站購書（redbook.com.tw），可享 85 折起優惠。

●●●至郵局劃撥（戶名：朱雀文化事業有限公司，帳號 19234566），掛號寄書不加郵資，4 本以下無折扣，5 ～ 9 本 95 折，10 本以上 9 折優惠。

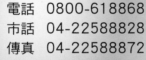

最安心的頂級麵粉